科学家或许是错的

SCIENTISTS
MAY BE INCORRECT

星球与宇宙

徐牧心　李　敏 ◎ 编著

大连出版社
DALIAN PUBLISHING HOUSE

© 徐牧心 李敏 2020

图书在版编目（CIP）数据

科学家或许是错的. 星球与宇宙 / 徐牧心，李敏编著. — 大连：大连出版社，2020.8（2024.5重印）
ISBN 978-7-5505-1568-0

Ⅰ.①科… Ⅱ.①徐… ②李… Ⅲ.①科学知识—少儿读物 ②天体—少儿读物 ③宇宙—少儿读物 Ⅳ.①Z228.1 ②P1-49

中国版本图书馆CIP数据核字(2020)第101531号

科 学 家 或 许 是 错 的 · 星 球 与 宇 宙
KEXUEJIA HUOXU SHI CUO DE · XINGQIU YU YUZHOU

责任编辑：金　琦
封面设计：林　洋
责任校对：乔　丽
责任印制：温天悦

出版发行者：大连出版社
　　　地址：大连市西岗区东北路161号
　　　邮编：116016
　　　电话：0411-83620573 / 83620245
　　　传真：0411-83610391
　　　网址：http：// www.dlmpm.com
　　　邮箱：dlcbs@dlmpm.com
印 刷 者：永清县晔盛亚胶印有限公司

幅面尺寸：165 mm × 230 mm
印　　张：7.5
字　　数：100千字
出版时间：2020年8月第1版
印刷时间：2024年5月第2次印刷
书　　号：ISBN 978-7-5505-1568-0
定　　价：38.00元

目录
MULU

星球篇

宇宙篇

星球篇

太阳系是怎样起源的？

人类对宇宙的认识是从地球开始的，再从地球扩展到太阳系，那么太阳系最初是怎样形成的呢？显然，如果能够弄清楚太阳系的形成和演化过程，就能揭开更多的宇宙奥秘。

起初，人们用"永恒说"来对此加以解释。这种说法认为，太阳系可能在无限久远的过去就已经是现在这个样子了，今后也将永远是这个样子。也就是说，太阳系没有开端，也没有终结。很显然，这种说法人们是很难接受的。

1755 年，德国哲学家康德提出了"星云假说"。康德认为，太阳系的前身很可能是一团稀薄的气体云——星云。这团气体云在自身引力的作用下开始逐渐收缩，越来越密集，旋转的速度越来越快，形状也就越来越扁。到了一定程度，最边缘的一圈就开始分离出去，凝聚成一颗行星；接着又分离出去一圈，又凝聚成一颗行星；最后剩下的气体云凝聚成一颗巨大的发光恒星，这就是太阳。

按照这种假说，太阳系中所有的行星、卫星大体上都应该在同一个平面上，并且都朝着一个方向旋转，而太阳系恰恰正是这个样子，这说明"星云假说"有可能是正确的。

1795 年，法国天文学家拉普拉斯站出来支持"星云假说"。他

认为，太阳系是由一大团弥漫的尘埃气体云形成的，这团原始星云起初是炽热的，但随着辐射而损失能量，温度就开始下降，引起星云的收缩，同时由于其他天体的引力扰动某些邻近超新星爆发产生的冲击波，于是开始旋转。

拉普拉斯的学说和康德的学说大同小异，所以被人们称为"康德—拉普拉斯学说"。这个学说能够较好地解释太阳系结构上的一些特征，却解释不了太阳系所具有的巨大的角动量，更解释不了角动量在太阳系里分配极不合理的现象。于是，有人就对"星云假说"提出了疑问：星云怎么可能一边收缩（同时越转越快），一边将几乎所有的角动量都转移到分离出去的气体环（行星）呢？

另外，随着天文观测和研究的深入，"星云假说"的缺陷也越来越多地暴露出来。天文学家先是发现海王星的卫星——海卫一绕着海王星的旋转方向正好与海王星的自转方向相反，接着又发现火星的卫星——火卫一旋转一周的时间竟比火星自转一周的时间快三倍。按照"星云假说"，太阳系中的行星和卫星都应该朝着一个方向旋转，卫星的旋转速度不可能超过行星。

就在"星云假说"陷入窘境之时，1900年，美国地质学家张伯伦提出了"星子假说"，后来由英国摩耳顿加以发展。他认为，太阳系最开始时只有孤零零的一轮红日，后来在某个时候，又有一颗恒星朝着太阳运动过来。就在它们相互接近的过程中，彼此间产生了巨大的万有引力，万有引力越来越大，使得这两颗恒星上都出现了强烈的潮汐作用，于是就从它们的表面拉出一股物质，它们彼此连接起来，形成了一座"桥"。当它们相掠而过时，这座"桥"被带着迅速地旋转，获得了巨大的角动量，而恒星本身的角动量却减少了。当这两颗恒星分开后，"桥"被拉断了，分成若干块，每一块逐渐凝聚成一颗具有一定角动量的行星。

1917年，英国天文学家金斯发展了"星子假说"。他认为，从两颗恒星拉出来的物质"桥"是雪茄烟形状的，两头细，中间粗，断开后最粗的部分就形成了太阳系中的木星、土星这两颗最大的行星，剩下的较细的部分则分别形成了土星以外、木星以内较小的行星。

"星子假说"把太阳系的起源归因于一次偶然的灾难事件，因此这类观点就被称为"灾变说"。比如，英国的里特和美国的罗素认为，太阳原来是一对双星中的一颗子星。在某个时候，从远方突然飞来

一颗恒星，与太阳的伴星相撞。它们就像子弹一样朝着不同的方向弹去，同时拉出一长串物质。这一长串物质被太阳所俘获，发展成为太阳系中的各颗行星。

跟在"灾变说"后边出现的是"俘获说"。苏联的地球物理学家施密特认为，太阳周围原先有着大量带电的星际物质，逐渐冷却后，它们不再带电，就受太阳万有引力的吸引而落向太阳。它们下落的速度越来越快，就会产生相互碰撞、摩擦而重新带电。在电的作用下，它们便停止下落，在太阳附近凝聚成行星和卫星。按照施密特的说法，太阳原先是"光棍一条"，当它在宇宙空间中运行时，突然钻进了某个星际云中，在里面俘获了一部分物质，它们就是日后形成行星和卫星的材料。

按照"灾变说"和"俘获说"，太阳的年龄必定要比别的行星大，甚至可以大上几十倍、几百倍，而根据各种测定，太阳的年龄与行星的年龄非常接近，这一下子就使"灾变说"和"俘获说"失去了魅力。更致命的是，这两种学说都把太阳系的起源建立在偶然性之上，而天文观测证明，宇宙间有许多类似于太阳系的天体系统，这就说

明太阳系的形成不会是偶发事件的结果。

随着现代天文学和物理学的进展，特别是恒星演化理论的日趋成熟，古老的"星云假说"重新焕发了青春活力。据统计，现代"星云假说"竟达20多种。它们一致认为，形成太阳系的是银河系里一团密度较大的星云，它是由巨大的星际云瓦解而来的，一开始就在自转，并在自身引力下发生收缩，中心部分形成了太阳，外部演化成星云盘，星云盘随后形成了行星。

现代"星云假说"既有观测资料，又有理论计算，能够比较详细地描述太阳系的起源过程，但它们彼此间还存在着不小的争议。苏联的萨弗隆诺夫等人认为，星云盘的质量很小，其中的固态颗粒沉降并形成尘冰层，再瓦解成许多小团，各团收缩成星子，星子积聚成行星。还有人认为，星云甩出去的物质首先积聚成许多气体球，这些气体球每年慢慢收缩，内部的温度和压力升高，由重元素构成的分散固体尘粒沉向中心，形成了行星胎。一些离太阳较近的气体，由于受到太阳热量的影响，气体部分的物质大多被赶跑了，它们最后就成了类地行星。

不管怎么说，现代"星云假说"对于太阳系的许多特征都能做出比较合理的解释，但是在它的面前也摆着一些没有解决的问题。比如，根据现代"星云假说"，每颗恒星都应该有自己的行星系统，但据观测，在离太阳13光年范围内的22颗恒星中，至今只有3颗可能有自己的行星系统，比例是约1/10，这是为什么呢？

在宇宙航行中，宇航员发现在土星附近的某个区域，存在着一团比太阳表面温度还高出10万倍的气体团。它在太阳系的形成过程中有什么样的地位呢?

宇航员还发现,在太阳附近有一个巨大的"磁泡",随着太阳的活动而一张一合。这个发现提醒人们,在太阳系的起源问题上还不应该忽略磁力的作用。

总之,太阳系的起源之谜至今还不能说彻底地被揭开了,还需要人们进一步加以研究。

角 动 量

角动量即动量矩,是描述物体转动状态的物理量。太阳系中太阳的自转,行星的自转和公转,卫星的自转和公转,都具有角动量。由于这些旋转的方向都是相同的,所以角动量是相加的,从而使整个太阳系具有了巨大的角动量。而在角动量的分配方面,太阳只占太阳系总角动量的2%,其他行星却占了98%。

众多的小行星是星体爆炸产生的吗？

我们所在的太阳系的特征是什么呢？假如要求你对这个问题做一个最简明扼要的回答，你会怎么说呢？

有一位天文学家曾经用一句话巧妙地概括了太阳系的特征："一小堆大行星，一大堆小行星。"这个回答虽然有些开玩笑的意味，却极为精练地描述出了太阳系的状态。太阳系中人们已知的大行星只有 8 颗，而小行星自从 1801 年发现第一颗开始直到今天，已登记在册并有编号的就达 4000 多颗，这还不包括那些有待证实的新发现的小行星。

如果以个头而论，最大的小行星也不能同最小的大行星相提并

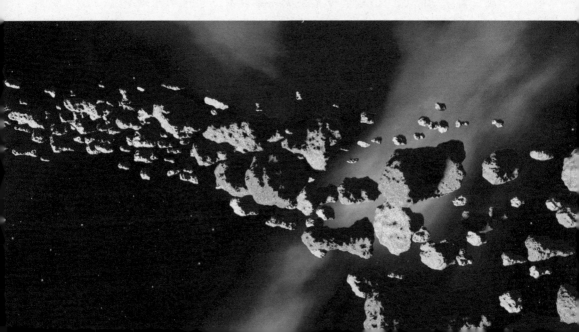

论，它们之间实在是相差悬殊。虽然这些小行星个头都不大，但都围绕着太阳公转，而且具有行星所具有的一切特征。从这一点上说，它们与大行星"称兄道弟"毫无愧色。

那么，这些小行星究竟有多少呢？除了"在编"的 4000 多颗之外，亮度大于 19 星等的小行星有近 4 万颗，它们的直径为几百米。更小的更暗的 21 星等的小行星，总数将不少于 5 万颗。至于比这更小、更暗的小行星，则不计其数，无可估量。

从它们所处的位置来看，小行星们大都聚集在木星和火星之间这块不算太大的空间里。

小行星是从哪里来的呢？为什么小行星会有这么多呢？它们为什么聚在一起呢？如果能够正确地解答这些问题，显然对人们认识太阳系的起源具有十分重要的意义。可惜的是，科学家们经过了一二百年的研究，也只能提出一些没有获得普遍认可的推测。

最经常被提出的一种理论是"爆炸说"。赞同这一学说的科学家们认为，在小行星带所处的那个空间，原先有一个与地球、火星不相上下的大行星，它与其他行星一样，长时间地围绕着太阳运动。后来，由于现在还不清楚的某种原因，它被炸得粉身碎骨，碎块又互相碰撞，成为更小的碎片，其中大部分变成了现在的小行星，小部分变成了流星体。

从对小行星的观测来看，它们只有少数一些是圆形的，大部分是不规则的，大小也有很大差别，这似乎为"爆炸说"提供了证明。

但有的科学家提出了疑问：究竟是从哪里来的这么大的能量，居然能把那么大的一颗行星炸得粉碎？再进一步追问下去：这些被炸飞的碎块，又怎么能集中成现在的小行星带呢？

于是，又有一些科学家提出了"碰撞说"。他们认为，在火星和木星之间的空间中，原来不是只有一颗大行星，而是有几十颗直径在几百千米以下的小行星，它们的轨道各不相同，即轨道的长轴、偏心率、周期以及轨道与黄道之间的倾角都不同，但也不是相差得那么大。显而易见，它们在长期的运动过程中，难免有彼此接近或比较接近的机会，发生碰撞甚至多次碰撞的可能性是很大的，这样就形成了大小不等、形状各异的众多小行星。但是今天所能看到的小行星也不全都是碰撞后的产物，那些比较大的、基本上呈球形的小行星，就是其中幸免于难的，至少没有经过剧烈碰撞。

但这种说法也有让人生疑之处：怎么会有这种碰撞机会呢？几十个不大的天体在火星与木星之间运动，就好像几条鱼在太平洋中游动一样，它们在水中的碰撞机会能有多大呢？

近年来比较流行的理论是所谓的"半成品说"。持这种观点的科学家认为，在原始星云开始形成太阳系天体的初期，太空中有许多残存碎片，它们在围绕太阳运转时逐渐集合到一起，成为较大的天体，它们再不断吸附，使太阳系变得越来越干净。但是在小行星带却不是这样，由于木星的摄动和其他一些未知因素，这些残余的碎片抵抗住了太阳的拉力，因而就没有形成新的行星，而只能成为一些"半成品"——小行星。

这种说法目前在天文学界得到了很多人的支持。但作为一种假设，还需要获得大量证据的证实才能够成立。

星等的由来与发展

公元前2世纪，古希腊有一位名叫依巴谷的天文学家在爱琴海的罗得岛上建起了观星台。有一次，他在天蝎座中发现了一颗陌生的星。凭着丰富的经验判断，这颗星不是行星，但是前人的记录中没有这颗星。这是什么天体呢？依巴谷决心绘制出一份详细的恒星天空星图。经过不懈的努力，一份标有1000多颗恒星精确位置和亮度的恒星星图终于在他手中诞生了。为了清楚地反映出恒星的亮度，依巴谷根据恒星的亮暗分成等级。他把看起来最亮的20颗恒星作为一等星，把眼睛能看到的最暗弱的恒星作为六等星，在这中间又分为二等星、三等星、四等星和五等星。

1850年，英国天文学家普森重新制定出星等的标准。他以光学仪器测定出星球的光度，制定每一星等间的亮度差为2.512倍，比一等星还亮的星是0等；再亮的，则用负数表示，如-1、-2、-3等。星等又分为"视星等"和"绝对星等"。视星等是地球上的观测者所见的天体的亮度，比如太阳的视星等为-26.75等，满月的视星等为-12.6等。人眼对黄色最敏感，因此视星等又称"黄星等"。绝对星等是在距天体10秒差距（32.6光年）处所看到的亮度，比如太阳的绝对星等为4.75等。

彗星雨是由冥外行星造成的吗？

　　考古学家在对化石资料的分析中发现，地球上的物种曾经遭受过周期性的毁灭。对于这种大毁灭的原因，很多学科的专家们都提出了各自不同的意见，而其中天文学家的意见最令人瞩目。他们认为，大量的彗星好像下雨一样周期性地洒落下来和撞击地球，由此造成了生物的普遍灭绝。

如果说确实存在着这种周期性的彗星雨，那么它又是怎样形成的呢？天文学家们对此展开了激烈的争论，虽然至今仍未统一意见，但提出了以下三种主要学说：

第一种是"太阳伴星说"。这一学说的代表人物是戴维斯、马勒等。他们认为，太阳有一颗看不见的伴星，叫作"复仇女神"，它以 2600 万年的周期绕着太阳进行公转。当它周期性地运行到离太阳最近的地方，奥尔特云中的彗星核就会在它的扰动下纷纷脱离自己的运行轨道，其中有几十颗彗星可能与地球相撞。这种说法虽然不能说没有道理，但太阳存在伴星的猜测至今也没有得到明确证实。

第二种是"冥外行星说"。这种学说认为，冥王星以外还有一颗行星绕着太阳公转，当它的轨道与奥尔特云相交时，许多较小的

彗星就会在它的带动下飞向地球。和第一种说法一样，冥外行星存在与否至今得不到证实。而且有许多专家认为，即使存在冥外行星，它能否产生上述作用也很值得怀疑。

第三种是"太阳跳跃运动说"。这种学说认为，太阳在绕着银河系运行时，并不总是水平运动，而是像旋转木马那样时起时伏。当太阳穿过银河系平面天体最密集的区域时，奥尔特云中的彗星就会在引力的作用下飞向太阳系。

总的来说，第三种学说最为诱人。因为太阳系每隔3300万年左右就要穿越银道面一次，而根据很多学者的估计和推算，地球上生物灭绝的周期也在2600万 ~ 3300万年，这二者正好相近。此外，地球上陨击坑记录所显示出的周期，也差不多与此接近。这些都从侧面说明了第三种学说有可能是正确的。

彗星是地球生命的发源地吗?

早在远古时期，我们的祖先就曾把彗星与瘟疫、洪水以及死亡联系在一起，把彗星的出现看作是灾难的前兆。当然，在今天看起来这些观点都是荒诞可笑的。可是，随着科技的发展，人类观测宇宙的视野不断拓宽，科学家们又重新开始考虑，彗星是地球生命的发源地吗?

大家都知道，生命的起源问题一直在困惑着人类。不少科学家推测生命起源于地球之外，其中更有一些人坚持认为彗星就是生命的发源地。这种学说的代表人物是英国著名科学家霍依尔，他认为彗星携带并遍及宇宙地分发生命。当然，他也承认彗星能传播瘟疫等，可他争辩说，彗星含有产生和维持生命所必需的各种元素，并且彗核具有放射性，从而提供了一个温暖的"水塘"，生命就是在这样一个适宜的"水塘"中从基本元素开始发展起来的。

霍依尔的学说在几个方面遭到了非难。首先，为了保卫生命形式免受酷寒和真空的伤害，这个温暖的"水塘"必须是绝缘的，被几千米厚的保护层所密封，可是谁也保证不了这一保护层的稳固性，并且事实上，人们常常观测到彗星会莫名其妙地分裂。所以有人认为，这种暖"水塘"能长期存在直至生命形成，实在难以想象。其

次，即使这种暖"水塘"能够长期存在，但彗星上的能源十分缺乏。在彗星深处没有光，除了少量显然不利于生命的放射线之外，别无其他能源，怎么可能产生生命呢？

基于以上原因，当代彗星研究的权威人士惠普尔对此学说深表怀疑，但他不否认彗星可能对构成生命的元素做过贡献，并且认为我们人体中的某些元素也来源于彗星。他是从太阳系演化的角度来考虑这一问题的，认为彗星在产生其他行星时留下大量残余物质，由于引力的摄动而进入地球。但是这一观点的正确性却无从证实。

近来，又有科学家从另外的角度来考虑彗星与地球上生命的联系。有专家提出，地球在6500万年以前遭到过一次毁灭性的撞击，造成大量生物灭绝，其中就包括恐龙。由此许多科学家认为，这种撞击是由彗星造成的，并且有资料表明这种撞击是周期性的，正是"彗星雨"周期性地洒落下来和撞击地球，才导致了地球上大量生物的灭绝。

对于这一学说，科学家们争论的焦点在于彗星雨的机制方面，"太阳伴星说""冥外行星说""太阳跳跃运动说"等各持己见，没有定论。那么，究竟是彗星带来了地球上的生命，还是彗星的撞击导致了地球生物的灭绝呢？科学家们至今还无法达成一致意见。

太阳正在缩小吗?

每天清晨,旭日东升;每天傍晚,夕阳西下。仿佛天天如此,年年相同。在人们的感觉中,月亮还是那个月亮,太阳也还是那个太阳。可是如果有人说,今天的太阳比昨天的要小一些,今年的太阳也比去年的小一些,你会不会觉得这个说法有些荒唐可笑呢?

可是,有的天文学家经过长期观测和研究,却证明了太阳确实正在缩小。1979年,美国天文学家艾迪对英国格林尼治天文台长达117年的子午环太阳观测记录进行了细致的研究,发现太阳的角直径每年大约减少1角秒,这相当于每年缩小8000米,每天缩小20米。如果按照这种推算,大约17万年以后,太阳就会从太空中消失。艾迪还指出,有人推算出1567年4月9日的日食应该是一次日全食,然而实际观测记录却表明是一次日环食。这说明了那时的太阳比现在大,以至于月亮实际上不能完全遮掩住日面,因而造成了日环食。

艾迪的这一结论是十分令人震惊的。如果确如其说,太阳的萎缩将会对地球和人类产生严重的甚至是毁灭性的影响。

许多人怀疑艾迪结论的正确性。他们认为,太阳不可能长期以来都以这样的速率收缩变小。如果真是这样的话,太阳在它产生的早期应该比现在大得多,辐射也强得多。但是,在人类居住的地球上,

还不能够从地质、古生物和古气象等资料中得到相应的证据。同时，也有人分析了其他天文台的同类太阳观测资料，结论却是近二三百年来，太阳的直径并没有发生多大的变化。

这两种观点各执一端，莫衷一是。为了深入研究有关太阳大小的变化规律，需要有一种不同于子午环观测的测定太阳直径的独立方法。1973年，美国科学家邓纳姆曾提出，利用日全食或日环食的机会，在全食带或环食带两个边缘记录"倍利珠"出现或消失的时刻，这样就可以精确地推算出太阳的光学直径。"倍利珠"又叫"金刚钻戒"现象，它是日全食刚刚开始时或刚刚结束的那一瞬间，太阳边缘出现的一两个或两三个珍珠似的闪光，这是由于阳光穿过月面山谷的细小狭缝而造成的。首先发现这种现象的是英国天文学家倍利，因而被命名为"倍利珠"。后来，邓纳姆分析了 1915 年、1976 年、1979 年以及 1983 年的日食观测资料，发现太阳直径确实有缩小的趋势，平均每百年缩小 0.1129 千米，比艾迪提供的数据要小得多。1987 年，中国天文学家万籁等人，利用当年 9 月 23 日发生在中国中部的日环食，再一次测出了太阳的直径每百年缩小 330 千米，或每年缩小 3300 米。

但也有人进一步提出疑问，利用日食机会确定太阳直径的工作只是在最近些年来才达到了较高的精度。而 19 世纪的资料，由于当时的观测水平和技术条件等因素；是否可靠还不能做定论。因此，将 19 世纪的观测结果与今天的观测结果相比照，是不科学的。

究竟是 1715 年的资料有误，还是太阳确实正在缩小，人们正期待着天文学家给予正确的回答。

太阳的寿命能延长吗？

太阳每时每刻都在向四面八方散发着强烈的光和热，哺育着地球上的万物茁壮成长。然而，太阳绝不会永远地保持现在这样的面貌，随着时间的推移，它总有一天会耗尽它的全部能量，结束它的生命。

太阳的能量是由氢原子核核聚变为氦原子核的热核反应而产生的。太阳的能量以辐射的方式由内部转移到表面，而发射到宇宙空间。到目前为止，太阳中心的氢已有 50% 变成了氦。据科学家估计，大约再过 50 亿年，太阳的核心部分就不会再有氢存在了。那时候的太阳就像一根即将烧尽的蜡烛一样，进入了自己生命的最后阶段。

太阳在燃料即将耗尽前，并不是像一般人想象的那样迅速变冷，而是温度急剧升高。据科学家们推测，随着氢原子核在燃烧过程中变为较重的氦原子核，太阳的核心终将被氦原子所取代，而一旦由氦组成的核心重量达到太阳总重量的一半时，太阳就会越来越明亮，体积要膨胀数百倍，成了一个炽热高温的红巨星，把距离较近的行星烧为灰烬，最后才猛烈爆炸开来，蜕变成一颗白矮星。

当这场灾难发生时，人类该怎么办呢？这虽然是极其遥远的事情，却有很多科学家在为此操心。有人提出，可以让人类移居到离太阳较远的星球上去，比如木星的两颗卫星——木卫三和木卫四，因为它们上面都覆盖着厚厚的冰层，在变成红巨星的太阳烘烤下，

冰就会融化，再加上人类的努力，它们也许就会变得较为适合人类居住。但令人担心的是，所有的地球居民不可能都被转移到外层空间，那时候由谁来决定哪些人该生存下去，哪些人该毁灭呢？

针对这个方案的缺点，有人提出了另一个解决办法：使地球离开目前的运行轨道，与变成红巨星的太阳保持一个安全的距离。据计算可知，只要把地球上 10% 的水蒸发掉，就可以使地球移出自己的轨道而进入土星的轨道。而要想做到这一点，人类就要获得足够的能量，掌握可控氢聚变反应。同时，还要面对海平面下降 200 米的后果。

即便上边两个方案能够完善地实施，也不过是权宜之计，因为太阳演变成红巨星的阶段也许只有 1 亿年左右，过了这段时间，太阳就会迅速缩小塌陷，不再放出光和热量来。如果这一天来到了，

人类又该怎么办呢？

于是有人提出了一个大胆的设想：想办法让太阳继续生存下去。这个想法听起来好像很荒唐，却有一定道理。我们在前边说过，太阳是以氢为燃料的，一边在核心区进行聚变反应，一边剩下大量废物。而在太阳核心与表层之间，存在着许多尚未燃烧的氢。如果能够用什么办法让氢燃料流动起来，进入太阳核心区，排除掉那些废物，太阳的生命就可以延长 100 亿~1000 亿年。

从理论上讲，造成氢燃料的流动并不难，只要周期性地搅拌太阳的内部，就像我们用匙子搅拌使糖均匀而充分地溶解一样。或者像引燃篝火那样，把周围的木柴堆到火堆中间，就可以使篝火继续燃烧下去。但实际做起来，其难度却要远远超过人们的想象。

　　科学家认为，要想做到这一点，就必须在太阳核心部分与表层之间制造一个"热点"。这里有两个方案可以采纳：一是引爆超级氢弹，二是向太阳表面发射威力极强的激光束。如果实行第一个方案，就要考虑怎样才能把这些氢弹送到目的地而不至于在途中被熔化掉；如果实行第二个方案，就要考虑如何使激光的能量在途中不会过早消耗掉。而人类要想解决这两个方面的难题，却是很不容易办到的。

　　也有的科学家认为，太阳从生到死有它自己的规律，人类无法对它进行干预，虽然采取一定手段有可能延长它的寿命，但却不能从根本上解决问题。要想找到真正的出路，那只有研制人造太阳。从目前人类的科技水平来看，研制人造太阳只有从利用热核反应着手。如果想办法减慢核子混合物的燃烧速度(减慢合成反应速度)，就有可能制造出小型太阳来，但这个办法目前还找不到。而且令人担心的是，如果不能有效地控制这种反应，"点燃"了核子混合物，就会引起原子爆炸，其后果不堪设想。但很多科学家还是满怀信心地认为，当人类彻底掌握了热核反应的奥秘，人造太阳就一定会从理想变成现实。

太阳黑子是能量向外传播造成的吗？

17 世纪初，德国天文学家开普勒正在观测太阳，突然发现太阳表面上有个小黑点。他以为这是金星凌日造成的，也就没有加以追究。其实，那个小黑点就是太阳黑子。

开普勒发现了行星运动三定律，是一代天文学大师，怎么会如此粗心大意呢？说起来这也不能怪他，在他生活的那个时代里，人们的思想被宗教观念紧紧地束缚住了。教会宣称，所有天体都是上帝创造出来的，万能的主不会创造出一个有瑕疵的天体，太阳和月亮都是最光滑、最标准、最完美的球体，谁敢有丝毫怀疑，那就是异端邪说，就得遭受严厉的惩罚。

当时有个名叫席奈尔的天主教士，他在用望远镜观测太阳时，也发现了上面有黑点。他觉得很奇怪，就去向主教大人求教。主教听了他的叙述后，不耐烦地说："孩子，放心好了！这一定是你那望远镜出了毛病，不然就是你太累了，眼睛出了毛病。"

不管教会如何否定，太阳黑子的存在都是无可争辩的事实。几百年来，天文学家们对它做了大量观测，使得人类对太阳黑子的认识越来越深入。

太阳黑子最大的特征就是具有强大的磁场，但不同黑子的磁场其强度差别很大，大黑子的磁场强，小黑子的磁场弱。黑子经常成双成对地出现，其中的两个黑子的磁性正好相反。磁力线从一个黑子出来，进入到另一个黑子之中。

太阳黑子是不断变化的。日面上的黑子数总不一样。一个黑子的寿命通常是几天，但是也有少数黑子的寿命长达 1 年以上。太阳上黑子的多寡，代表着太阳活动的盛衰强弱。

太阳上为什么会出现黑子呢？通常的解释是，由于黑子中强大的磁场阻止了光球中能量的传递，使得太阳深处的热量无法传到黑子中去，那一部分的温度就比较低，同周围温度较高的区域相比，就显得暗淡一些，这就成了人们经常看见的太阳黑子。

还有一种观点认为，太阳上出现黑子是由于黑子中的能量大量地向外传播，使得它本身的温度降低，所以就变得黑暗了。

以上两种解释都部分地说明了太阳黑子出现的原因，却显得有些简单。要想充分说明太阳黑子形成的真正原因，显然还需要科学家坚持不懈的探索。

太阳系的尽头

太阳会喷出高能量的带电粒子，称为"太阳风"。太阳风可以一直刮到冥王星轨道的外面，形成一个巨大的磁气圈，叫作"日圈"。日圈外面有星际风在吹刮，但是太阳风会保护太阳系不受星际风的侵袭，并在交界处形成震波面。日圈的终极境界叫作"日圈顶层"，这里是太阳所能支配的最远端，科学家一般把这里视为太阳系的尽头。至于日圈层顶距离太阳有多远，它的形状如何，目前还不能做出确切的回答。

太阳黑子存在着什么样的活动周期？

太阳黑子的增多或减少，呈现出明显的周期性。太阳黑子是太阳活动的主要标志，其他各种太阳活动都与黑子的多少有关，所以太阳黑子的周期性变化也就是太阳活动的基本规律。

那么，太阳黑子存在着什么样的活动周期呢？在这个问题上不同的意见层出不穷，简直达到了令人眼花缭乱的地步。有人提出太阳黑子的活动周期长达 2000 年，有人认为存在着短到 1 年的周期，此外还有 169 年、178 年、190 年、200 年、400 年、430 年、600 年、800 年、1000 年、1700 年等各种说法。

在这些令人头晕目眩的周期中，最可靠的无疑是 11 年和 22 年这两种周期，它们都得到了大量观测证据的支持，因此基本上得到了公认。此外还存在着一个 80 年左右的周期，称为"世纪周期"，也得到了比较普遍的承认。

太阳黑子的 11 年活动周期早在一百多年前就被发现了。在这个周期开始时的 4 年左右时间里，黑子不断产生，越来越多，活动加剧，在黑子数达到极大的那一年，称为"太阳活动峰年"。在随后的 7 年左右时间里，黑子活动逐渐减弱，黑子也越来越少，黑子数极小的那一年，称为"太阳活动谷年"。国际上规定，从 1755 年算

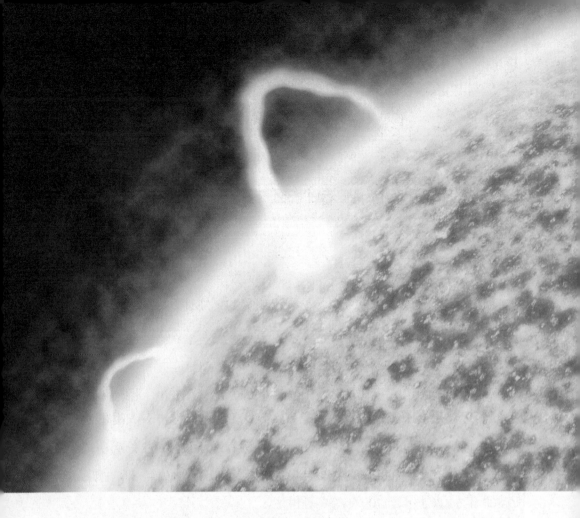

起的黑子周期为第一周，然后按顺序排列。

若考虑黑子磁场极性的变化，则其周期为22年，它是由美国天文学家海耳于1919年提出来的。

1908年，海耳发明了一种观测太阳黑子磁场的方法，并发现黑子往往成双成对地出现。太阳北半球的前导黑子为S极时，后随黑子的磁性便为N极，而且整个北半球上黑子的磁性都是这样。在此期间，南半球上的前导黑子为N极，后随黑子为S极。经过22年的一个周期后，黑子的极性好像接到了统一命令，全都颠倒过来，即北半球上的前导黑子一律为N极，后随黑子一律为S极，南半球恰好相反。再过一个周期，黑子磁场的极性又会恢复到 22 年前的样子。

磁周期的发现对于人们深入认识太阳活动的本质有着重要意义，但是为什么一个磁周期里包含着两个一般所说的 11 年黑子周期呢？磁周期又有着什么样的物理意义呢？这些问题一时还难以说清楚。

关于太阳黑子周期的最大讨论是由美国天文学家艾迪挑起的。1976 年，艾迪发表了一项重要的研究成果，认为太阳黑子的 11 年周期并不是太阳活动的基本规律，而只是最近二三百年来才有的一种短暂现象。

艾迪的这个观点实际上是对未被重视的蒙德极小期的肯定。1843 年，德国天文学家斯玻勒在研究黑子变化时发现，1645 年到 1715 年这 70 年间，几乎没有黑子记录。后来英国天文学家蒙德在总结斯玻勒的发现时把这十年称为"太阳黑子延长极小期"。天文学上把这段时间也称为"蒙德极小期"。

蒙德注意到，在这 70 年间，太阳极少出现黑子，而与此同时，欧洲的气候变得十分寒冷，伦敦的泰晤士河上结了厚厚的冰，竟然变成了集贸市场。所以，欧洲人把 17 世纪称为现代的"小冰期"。

艾迪收集了很多证据，证明蒙德极小期确实与太阳活动有关。当太阳活动较强时，地球大气中碳的含量较小；当太阳活动较弱时，地球大气中碳的含量较多。对树木年轮的研究结果表明，17 世纪后半期树木中含碳量比较高，这足以说明这段时间内太阳活动较弱。还有，当太阳黑子比较多时，地球高纬度地区常常可以在夜空中见到极光，而在那 70 年间，欧洲只出现了不足百次极光，而一般每个世纪里都会有好几千次的极光记录。

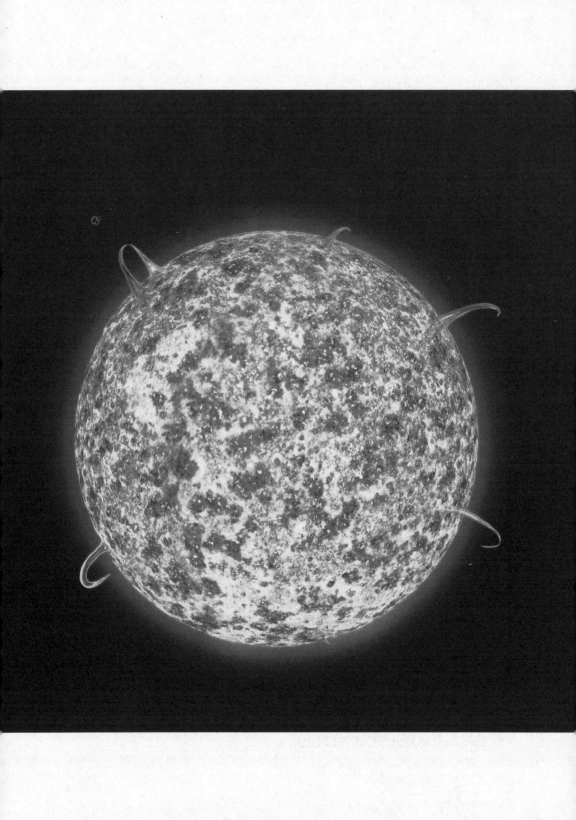

根据这些证据，艾迪进一步指出，在近 7500 年间，太阳活动的水平并不是相同的，而是经过了一系列的极小期和极大期，蒙德极小期只是其中比较有名的一个，它至少发生过 8~10 次。

艾迪的见解一提出来，在学术界立刻引起了一场轩然大波。如果蒙德极小期确实存在，那么关于太阳活动的现有理论势必会被推翻，所以许多人对此抱怀疑态度。当然，也有不少人支持艾迪的观点。比如，苏联的一些学者认为，蒙德极小期可以说是太阳活动的普遍现象，至少在过去的七八千年间是这样。

在这场争论中，还出现了一种比较中立的意见，它承认太阳活动存在着比 11 年更长的周期，比如几百年或更长一些，而那段有争论的 70 多年的周期，有可能正处在某个更长周期的低潮。

应该这样说，不管太阳黑子存在着多少年的活动周期，在过去的 3000 多年中，太阳的活动还是有规律可循的。但是，太阳的年龄是以亿为计算单位的，在几万、几十万，甚至几亿年的时间里，太阳活动的变化情况究竟如何，又是什么原因引起了这些周期性的变化，这些问题显然已经超出了人类目前的认识范围。

太阳耀斑是怎样产生的？

1859 年 9 月 1 日，两位英国的天文学家分别用高倍望远镜观察太阳。他们同时在一大群形态复杂的黑子群附近看到了一大片明亮的闪光发射出耀眼的光芒。这片光掠过黑子群，亮度缓慢减弱，直至消失。

这就是太阳上最为强烈的活动现象——耀斑。由于这次耀斑特别强大，在白光中也可以见到，所以又叫"白光耀斑"。

耀斑发生在光球之上、日冕之下的太阳大气的中间层，人们把这个部分叫作"色球"。当耀斑出现时，先是一个亮斑，接着其亮度迅速增大，有时在数十秒钟到一二十分钟内就能释放出相当于整个太阳在一秒钟内辐射出的总能量。一个特大耀斑释放的总能量高达 10^{26} 焦耳，相当于 100 亿颗百万吨级氢弹爆炸的总能量，所以有人又把它称为"色球爆发"或"太阳爆发"。

耀斑的寿命通常只有几分钟，个别耀斑能长达几小时，但它来势凶猛。除此之外，它还有一个显著特征，就是辐射的品种繁多，不仅有可见光，还有射电波、紫外线、红外线、X 射线和伽马射线以及各种波长的电磁辐射，可以说是应有尽有。这些辐射到达地球之后，就会严重干扰电离层对电波的吸收和反射作用，使得部分或

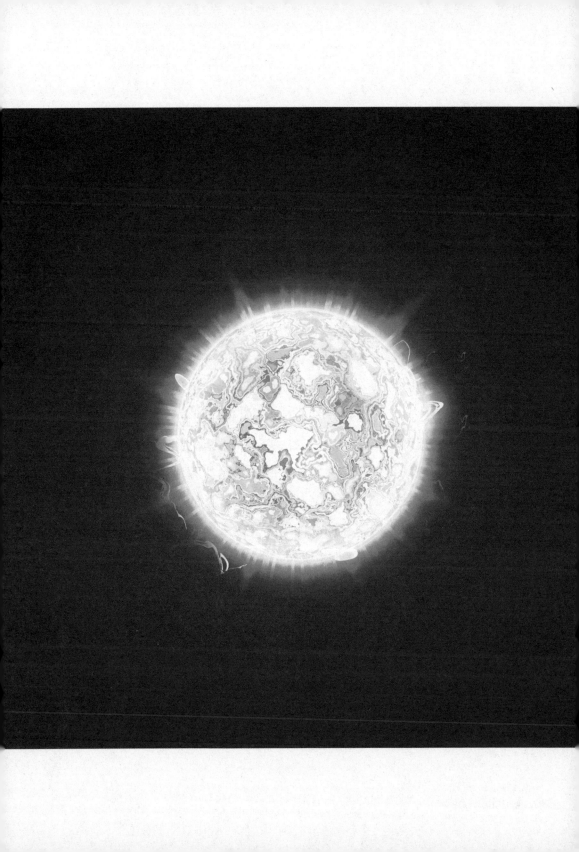

全部短波无线电波被吸收掉，短波衰弱甚至完全中断，高纬度地区频频出现极光。

人们发现，耀斑通常出现在太阳大黑子和黑子群上空，这说明二者之间是有联系的。有一种观点认为，太阳黑子是太阳上某个区域温度降低而形成的。如果这个观点是正确的，那么耀斑就应该是吸收了黑子传送出来的大量能量后形成的，所以才会有惊人的爆发。

人们又发现，在耀斑发生前后，它附近的局部磁场会有所改变，这说明磁场与耀斑之间也有某种关系。可是根据科学家们获得的大量资料，一般在耀斑爆发前，它附近的磁场并没有发生显著的变化，这似乎又说明磁场并不是产生耀斑的主要原因。

面对着这两种互相矛盾的说法，人们不禁感到有些茫然。如果说耀斑与磁场无关，那么它巨大的能量是从哪里来的？如果说耀斑与磁场有关，那么磁场又是怎样积累能量的呢？即使我们找到了耀斑的能量来源，新的疑问又会冒出来：它为什么一下子就把那么多能量释放出来了呢？此外，耀斑所释放出来的各种辐射，彼此之间的性质有很大差别，但它们却能同时迸发出来，这也不大好理解。

遥远的太阳

太阳与地球之间的平均距离约为 15000 万千米，几乎是月地距离的 400 倍。为了获得这个数值，科学家们付出了几代人的努力。

早在古希腊时，就有一个名叫阿里斯塔克的天文学家，利用月亮上、下弦成为半月的机会来测定太阳的距离，他得出的结论是太阳离地球比月球远 18~20 倍。应该说阿里斯塔克的想法是对的，但当时的仪器很简陋，因此他得出的结论就谬之千里了。

1672 年，正逢火星"大冲"，这时候它离地球最近。法国巴黎天文台首任台长乔·卡西尼抓住这个机会，设计出了一种精巧的办法，来测定太阳与地球的距离。他先测出火星的视差，从而推算出太阳的视差，即距离。最后得出结论，太阳与地球的距离为 13800 万千米。他的论文刚一发表，立即引起了一片欢呼。科学家们欢呼是因为得到了一个极其重要的天文常数，法国的皇帝和大臣们欢呼，则是因为法国的"版图"扩大到了天空中。

20 世纪初，天文学家得知，1931 年时有一颗名叫"爱神星"的小行星将发生"大冲"，届时它能跑到距离地球2500万千米的地方，这要比火星"大冲"时与太阳的距离近一半。为了抓住这个天赐良机，国际天文学联合会把14个国家的24个天文台、站组织到一起，进行了一场空前规模的联合观测。这些天文台、站进行了将近300次观测，人们又花了整整7年时间对这些观测资料进行分析归纳和综合处理，最后得到的日地距离为14967万千米，后来又进一步修正为14958万千米。

到了近代，出现了雷达和激光技术，人们轻而易举地就获得了更精确的日地距离值——14959.7892万千米，其误差不超过±1千米。后来，国际天文学联合会又做出决定，从1984年开始，日地距离平均值采用14959.7870千米。也就是说，太阳离地球有1.5亿千米那么远！

假设太阳和地球之间有一条大道，一个人用每小时5000米的速度步行，他昼夜不停地前进，将走3500年才能到达太阳。如果是乘坐时速100千米的火车，从地球到太阳也得花上170多年。世界上速度最快的莫过于光了，光每秒钟能跑30万千米。让太阳光往地球上跑，那也得需要499秒才能到达。假设太阳突然不发光了，地球也要过8分钟才能陷入黑暗之中。

月球曾经是地球的一部分吗？

    1969 年 7 月 20 日 ~21 日，"阿波罗 11 号"宇宙飞船首次实现了人类登上月球的理想，也揭示出了许多月球的奥秘。而在此之前，人们对月球的探讨大多都限于猜测。关于月球的起源，曾经流行过三种假说。

    著名生物学家达尔文的儿子乔治·达尔文是一位很有名的物理学家，他是最早把月球的起源作为一个理论问题提出来并加以研究

的。1898年，他在《太阳系中的潮汐和类似效应》一文中提出了一个假设：月球本来是地球的一部分，后来由于地球转速太快，在离心力的作用下，便把地球赤道区的一大块物质抛了出去。这块物质脱离地球后形成了月球，而遗留在地球上的大坑，就是现在的太平洋。这个假说被称为"分裂说"，地球和月球的关系也就成了"母亲与女儿"的关系。

月亮体积和太平洋水的体积确实相差无几，但如果月球真的是从地球的赤道地区甩出去的，那么它绕地球公转的轨道平面就应该和地球的赤道平面几乎重合，但实际上这两个平面相交的角度超过了5°。再者，地球刚刚诞生的时候，它的自转速度仅仅比现在快4倍，以这样的速度转动所产生的离心力不足以抛出月亮这么大的星球。"阿波罗11号"飞船登月后，带回了月面的岩石样本，经过化验分析后，科学家发现地球和月亮的组成物质不尽相同。而如果月亮真的是地球的"女儿"，二者的物质成分应该是一致的。

继"分裂说"之后，瑞典的天文学家阿尔文等人又提出了"俘

获说"。这种假说认为，月球本来只是太阳系中的一颗小行星，它的运行轨道和地球的运行轨道有一个最近点，当月球和地球都运行到这个最近点时，地球就以其巨大的吸引力捕获了这颗小行星，使它成为自己的俘虏。倘若情况果真如此，那么月亮与地球的关系就是"千里姻缘一线牵"的"天作之合"了。

"俘获说"合理地解释了月球和地球之间的关系，但它也有明显的缺陷。地球的直径只是月亮的3.7倍，相差并不悬殊。像地球这样一颗并不很大的行星，要想捕获月球这么一个不算很小的天体，并不是件容易的事情。况且，在月球形成后的40多亿年中，还有比地球更大的行星经过月球，为什么月球没有被俘获走呢？

还有一种假说称为"同源说"。早在18世纪，德国哲学家康德就推测月球和地球很可能产生在同一个时期，而且是在相同的地质和自然条件下产生的。"同源说"认为，地球和月球是由同一块行星尘埃云凝聚而成的，它们的化学成分和平均密度之所以不同，是因为原始星云中的金属粒子在行星形成前就已经先行凝聚成团。地球形成时，便以大团的铁作为核心部分，并在外围吸积了许多密度较小的石物质。月球的形成稍晚于地球，它由地球周围残余的非金属物质聚集而成，所以密度较小。按照这个假说，月球和地球的关系就应该是一对同卵孪生兄妹。

"同源说"与前两种假说比起来，似乎更圆满一些，但谁也不敢说它与事实的距离有多远。"阿波罗号"宇宙飞船从月球上采回一块岩石样本，经过化验后，科学家估计它的年龄至少有 46 亿年。而在地球上，只有在格陵兰岛最偏僻的地方，才能找到 40 亿年前的石块。假如月球真的比地球年龄还大，那么"同源说"就站不住脚了。

在以上三种假说全都无法自圆其说的情况下，科学家又提出了"大碰撞说"。这种假说认为，在太阳系演化早期，星际空间中曾形成了大量的"星子"，星子通过互相碰撞、吸积而长大。星子合并形成了一个原始地球，同时也形成了一个相当于地球质量 0.14 倍的天体。这两个天体相距不远，相遇的机会就很大。一次偶然的机会，那个小天体以每秒 5000 米左右的速度撞向地球。这剧烈的碰撞不仅改变了地球的运动状态，使地轴倾斜，还使大量粉碎的尘埃飞离地球。这些飞离地球的物质并没有完全脱离地球的引力控制，它们通过相互吸积而结合起来，形成了月球。

"大碰撞说"吸收了"分裂说"的某些东西，但比它更有说服力。只是这种假设还缺乏足够的证据，因而不能成为唯一的结论。

月球有过自己的卫星吗？

人们都知道，地球绕着太阳转，月亮绕着地球转。那么，有没有绕着月亮转的天体呢？

通过观测和研究，科学家们已经能够肯定地回答说，月球没有自己的卫星，也就是说，月球没有自己的"小月亮"。

但是也有的天文学家提出了这样的观点，月球虽然现在没有自己的卫星，但过去却曾有过自己的卫星，即月球曾经拥有过自己的"小月亮"。英国天文学家基斯·朗库德甚至认为，月球曾有过不止一个"小月亮"。他认为，在太阳系刚刚形成之初，月球有好几个自己的卫星，每个卫星的直径都至少有30千米。到了40亿年以前，每个"小月亮"都相继落到了月球上。每个"小月亮"掉到月球上都会撞出大量的岩石，使岩浆状的月亮内层暴露出来，以后又逐渐凝结成坚硬的岩层，形成新的盆地，这就是人们今天看到的月海。

"小月亮"落到月球上还会造成另一个严重的后果。人们知道，月球除了绕地球公转之外，还在绕着它自己的轴自转。月轴的两端是月球的两极，即月球的南北极。月面上和两极距离相等的大圆就是月球的赤道。月球有微弱的磁场，所以它还有磁北极、磁南极以及磁赤道。"小月亮"撞到月球上，使月球失去平衡发生摇晃，月

极的位置也发生了移动，以后月球又逐渐恢复平衡，月极的位置也就在新的地方重新稳定下来。

"阿波罗号"宇宙飞船登月归来后，科学家们仔细分析了它从月球上带回来的岩石样品，发现在几十亿年前月极确实移动过好几次。通过对月岩进行古磁学的分析，辨认出三条古代的磁赤道。这些磁赤道的形成年代分别为42亿年、40亿年和38.5亿年以前，其年龄与月海相近，而月海恰好就沿着这些磁赤道排列。这些新发现正好可以用当时发生过几个"小月亮"掉到月球上的事件来解释。

有的科学家反驳说，如果确实像上述观点说的那样，那么这些"小月亮"又是由于什么原因掉到月球上去的呢？持上述观点的科学家对这个问题还无法做出明确回答。

有的科学家推测说，月海也可能是由别的原因形成的。例如，小行星或大陨石撞击月球同样可以形成月球上的"海"。如果月亮有自己的"小月亮"，那其他行星的卫星也应该有自己的小卫星。月球的直径是 3476 千米，在太阳系中还有几颗行星的卫星和月球的大小相近：木卫一的直径是 3630 千米，木卫二的直径是 3138 千米，木卫三的直径是 5262 千米，木卫四的直径是 4800 千米。这些大小和月球相近的卫星有没有自己的卫星呢？通过观测，人们并没有发现，也许它们都没有。但也有的科学家认为，它们的卫星可能是存在的，只是由于今天的天文观测仪器还不够先进，所以还没有找到它们。

科学家们感到非常烦恼的另一个看起来几乎是不相关的问题是，如果这种"小月亮"真的存在，那么天文学该如何给它命名呢？太阳是一颗恒星，环绕恒星转动的天体是行星，环绕行星转动的天体是卫星。那么，环绕卫星转动的天体又该叫什么呢？有的科学家建议叫"从星"，"从"是跟从的意思。

无论怎样说，要证明月亮是否有过自己的"小月亮"，并不是一件十分容易的事。看来，要想做出科学的、准确的回答，起码需要很长一段时间。

月球是空心的吗？

1969 年，"阿波罗" 11 号宇宙飞船在探月过程中，当两名宇航员回到指令舱后 3 个小时，"无畏号" 登月舱突然失控，坠毁在月球表面。在距离坠毁点 72 千米处，预先放置着一个地震仪，它记录到了持续 15 分钟的震荡声。这个声音越传越远，而且逐渐减弱，犹如一口巨钟发出的声音。在报道这一事件时，有记者把它称为 "月球钟声"。

月球上当然不会有钟声，但这种声音却不能不引起科学家们的注意。如果月球是实心的，那么这种震波能持续 3~5 分钟。而震荡声如此之长，是不是说明月球是空心的呢？

1969 年 11 月 20 日 4 点 15 分，"阿波罗 12 号" 有意制造了一次人工月震。美国宇航员在月面上设置了高灵敏度的地震仪，它比在地球上使用的地震仪灵敏度高出上百倍，甚至能记录到宇航员在月面上行走的脚步声。当宇航员乘登月舱回到指令舱后，随即用登月舱的上升段撞击月球表面，于是发生了月震。让美国国家航空航天局的科学家们目瞪口呆的是，这次撞击竟然使月球晃动了大约 1 个小时。震动从开始到强度最大用了七八分钟，然后振幅逐渐减弱，余音袅袅，经久不绝。

"阿波罗" 13 号和 "阿波罗" 14 号相继登月，宇航员们先后用无线电遥控飞船的第三级火箭使之撞击月面，获得了长达 3 个小时的震动。

这几次人工月震试验都表明，月球上发生的这种长时间震动现象在地球上是绝对不可能发生的，这显然是由于地球和月球的内部构造不同造成的。于是，有的科学家提出了一个大胆的假设，月球的内部并不是冷却的坚硬熔岩，而是完全空心的，至少存在着某些空洞。

这个假设还得到了一些数据的支持。月表岩石密度远远大于地球岩石，为每立方厘米 3.2~3.4 克，而地球岩石的密度为每立方厘米 2.7~2.8 克，月球深处的密度更是高得惊人。在地球能毫不费力打进 360 厘米的电钻，到月球上最多只能打进 75 厘米。按此推测，月球的中心应该是一个大密度物质的内核。若是这样，月球的总质量就会比现在计算的大得多，相应地，其引力强度也要大一些，可是月球的引力只有地表引力的 1/6。如果说月球是一个巨大的空心球体，这一现象就可以得到解释了。

1972 年 5 月 13 日，一颗较大的陨石撞击了月面，其能量相当于 200 吨 TNT 炸药爆炸的威力。这种概率极低的幸运事件，给科学家提供了测量月球纵波的绝好机会。如果月球是中空的，纵波就不会穿过月球中心，而横波则会在月球壳体上反复震荡；如果月球是实心的，这种震动应该反复几次。结果，这次陨石撞击造成的纵波传入月球内部以后，就全无消息了。对此只能有一种解释，那就是纵波被月球内部的巨大空间 "吞" 掉了。

　　苏联天体物理学家米哈依尔·瓦西里和亚历山大·谢尔巴科夫的假设更为离奇。他们在《共青团真理报》上指出："月球可能是外星人的产物。15亿年以来，月球一直是外星人的宇航站。月球是空心的，在它的表层下边存在着一个极为先进的文明世界。"

　　对于以上猜测，也有许多科学家提出了异议。他们认为，月球上声音震荡的时间之所以比地球上长，那是因为月球上没有水，也没有地球表面松散厚实的沉积层。由于水和沉积层对声波有一定的吸收作用，所以地球上声音衰减较快。此外，月球表面因为长期遭受大量陨石的轰击，形成了此起彼伏的构造，使得月震波向四处散射，这就造成了月震持续时间较长的特点。

　　根据现有的宇宙形成理论，自然形成的星球绝不可能是空心的，月球也不例外。但是在科学家对奇异的月震现象做不出令人信服的解释前，谁敢肯定地说月球就不是空心的呢？

月球上的环形山是陨星撞击形成的吗？

如果用天文望远镜观测月球的表面，就会发现，在月球表面上除了有许多高山和大片的平原之外，还有许多大小不一的"圆圈"。这些"圆圈"是什么呢？天文学家告诉我们，这就是月球上的一座座环形山。

环形山（crater）希腊文的意思是"碗"，所以又称为"碗状凹坑结构"。月球上的环形山结构非常有趣，它的外围是一圈山环，

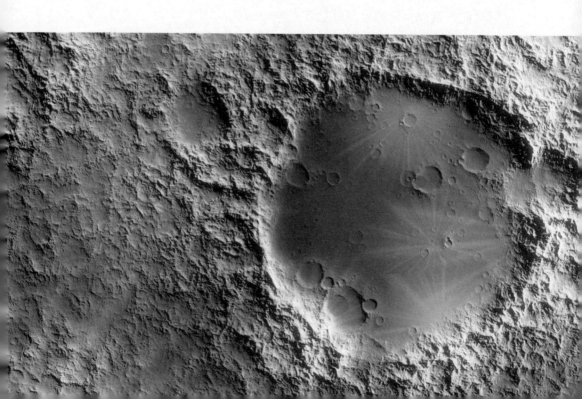

一般都高达几千米，内坡比较陡峭，外坡比较平缓。环形山的当中是一个圆形的平地，有些环形山的中间还耸立着一座山峰。

月球上的环形山数量很多。在人们能够观测到的半球上，直径在 1000 米以上的环形山就有 30 多万座，有的环形山直径将近 300 千米。

这些环形山是怎样形成的呢？

有的科学家认为，月球上曾经有过剧烈的火山爆发，喷发出来的物质凝固以后，就形成了现在的环形山。因为月球表面重力很小，只有地球的 1/6，火山喷发的规模很大，所以形成了巨大的环形山。

还有的科学家认为，月亮上没有空气，陨星可以直接撞击月球表面，撞击爆发出来的物质，堆积起来就成为现在的一座座环形山。月球上的环形山一般都有向四面伸展达数千米的"辐射纹"。科学家推测，这是由于陨星撞击之后爆炸的物质没有空气阻力，有一部分飞溅得特别远，撒落在月球表面上形成的。

根据这两种解释，可以这样认为，月球上那些较大的环形山是由火山爆发形成的，那些较小的环形山是由于陨星撞击月球而形成的。但这两种解释都缺少具体的依据，因而还不能明确地揭示出环形山形成的真正原因。

为什么月球表面有神秘的闪光？

1787 年，美国著名天文学家威廉·赫斯克尔从望远镜里观察到了一种非常奇异的现象：在月球表面倏忽出现一个神秘的亮点，这一亮点闪烁着暗红色的光芒，持续的时间很短暂，好像是一种有意识的发光信号。这一发现在天文学界引起极大的震动，尤其是让那些坚信月球上有智慧生物的人更为振奋。

从此以后，随着天文望远镜的不断改进与完善，研究月球的科学家们也越来越清楚地观察到了这种神秘莫测的闪光，它们颜色不定，时而暗红，时而淡蓝，时而银白，时而暗淡模糊，时而明亮若星，大都持续 20 分钟左右的时间，然后便突然消失了，且不留下任何痕迹。但偶尔也有持续时间长达几个小时的。

月球上的神秘闪光究竟是什么呢？是月球上智慧生物发出的某种信号吗？根据人类对月球进行的探测，至今已证实月球表面不仅没有具有智慧的高级生物，就连生命的低级形态也不存在。是月球上的火山爆发吗？人们已经知道，月球上并无可能爆发的活火山。另外，不少很有经验的天文学家运用性能优良的天文望远镜一再观察到这种现象，这就说明这一现象又不是地球大气干扰产生的假象。那么它究竟是什么呢？

这里我们介绍一种影响较广的假说，这是由英国莱斯特大学天文学家爱伦·密尔提出来的。密尔认为，这种现象是月球表面的一种由于地球对月球的引力变化而产生的尘埃气体喷射现象，这就像地球表面空气中的火山灰有时也会产生闪光一样。密尔还补充说，在月球背日一面如果也存在这种现象，那可能是由于尘埃摩擦产生的静电引起的闪电。

　　密尔的解释本身似乎也存在疑问。试想，月球相距地球 384401 千米之遥，得有多少强大的静电才能产生足以使地球上的人才能看清的闪光呢？看来，密尔的假说还不能完全揭开月球表面的神秘闪光之谜。

金星上存在过大海吗？

1961 年以来，苏联先后向金星发射了几十个空间探测器，使人们对金星的面貌有了比较全面的了解。人们发现，金星的地貌和地球十分接近，有高山、峡谷，也有平原，上空还有不断的闪电。两者明显的不同，就是地球上有海洋，金星上却没有。

然而，现在没有并不等于从前也没有，那么，金星上过去存在过海洋吗？如果有过海洋，后来为什么又消失了呢？

美国艾姆斯研究中心的科学家波拉克·詹姆斯首先发表了自己的观点。他认为，金星上确实存在过大海，后来因为某种原因消失了。在分析金星上大海消失的原因时，他提出了以下几种可能性：

第一种可能性是，太阳光将金星上的水蒸气分解为氢和氧，氢原子因质量小而大量逃离金星。第二种可能性是，在金星演化早期，它的内部曾大量散发出一氧化碳那样的还原气体，这些气体与水相互作用，把水分消耗掉了。第三种可能性是，由于金星上大量的火山爆发，大海被炽热的岩浆烤干了。第四种可能性是，金星海洋里的水来自金星内部，后来这些海水又重新循环回到金星地表之下。

这四种可能性听起来都很有道理，却不具备足够的说服力。这些可能性也曾出现在地球上，可是地球上的海洋为什么没有消失呢？

　　针对以上疑问，美国密执安大学的科学家多纳休等人又提出了新的看法。他们认为，在太阳系形成初期，太阳不像现在这样亮和热，太阳每秒的辐射热量要比现在少 30%，如果那时候你到金星上去，就会看到万顷波涛。后来，太阳异常地热了起来，加上金星的自转特别慢，1 天等于地球上的 243 天，在烈日长时间的烤晒下，金星上的大海一片热气腾腾。大量水蒸气升到空中，阻碍了金星表面温度的散发，从而使金星的温度进一步升高。后来，连"囚禁"在碳酸盐岩石中的二氧化碳气体也被释放出来，它们和水蒸气一起升入低空，组成厚厚的一道云层，完全把金星包裹了起来。当温度上升到上千摄氏度时，金星上变成了一片"火海"，水蒸气再次被太阳光分解成氢和氧，氢原子逃逸到太空，一去不返，而氧原子则葬身在金星上的"火海"之中。最后，金星就变成了一个永远干旱高温的世界。

也有一部分科学家认为，不能用金星的现状来推断它过去肯定存在过大海。美国衣阿华大学的科学家弗兰克认为，金星上根本就不曾存在过大海，金星大气层中的少量水分并不是从大海中蒸发出来的，而是几十亿年来不断进入金星大气层的彗星核送来的。

科学小讲堂

金星上的"温室效应"

温室效应是指透射阳光的密闭空间由于与外界缺乏热交换而形成的保温效应。金星上的大气密度是地球大气密度的 100 倍，而且大气的 97% 以上是保温气体——二氧化碳。同时，金星大气中还有一层厚达 20~30 千米的由浓硫酸组成的浓云。二氧化碳和浓云只许太阳光通过，却不让热量透过云层散发到宇宙空间。被封闭起来的太阳辐射使金星表面变得越来越热，结果使得金星的表面温度高达 465~485℃。在这样的高温下，别说是水，就连锡、铝、锌之类的金属也会被熔化。

火星上是一片干旱的荒漠世界吗？

　　早在 19 世纪 70 年代，意大利的天文学家斯基帕雷利宣称在火星上发现了河流，立刻引起了天文学界的极大震动，许多天文学家开始运用各种手段进行观测，力图证实火星上河流的存在。到了 20 世纪六七十年代，美国和苏联相继发射了空中探测器，通过观测表明，火星上缺乏维持生命所必需的水，所谓"河流"，只是一些颜色较暗的环形山。

　　这个问题好像已经有了确定的答案，但是过了十几年后，有些科学家开始对火星进行重新观测。美国的一位天文学家宣称，火星上并非一片干旱的荒漠世界，至少有两个地区存在着生命赖以存在的水蒸气。对此，美国地球物理联合会召集了许多学者，重新分析研究了宇宙探测器带回的关于火星的资料和照片，提出了三种新的见解：

　　第一种意见认为，现在的火星是一个严寒的世界，但是在其演化过程中，也有像现在地球一样的温暖时期，所以也会像地球一样有奔腾的河流。从这个意义上讲，过去火星表面确实有过河流。所以，传统上认为火星上覆盖的是干冰而不是水冰的概念就是错误的了。事实上，如同地球的两极一样，火星上也是泥沙与冰块层层叠叠，

就像千层蛋糕一样，这就是火星上多次发生的冰水滚滚向远处流去的一个证据。

同地球一样，火星也会随着公转轨道的变化而出现冰期与间冰期交替作用的现象。当冰期结束时，冰层就会融化、蒸发，再通过降水的形式，形成了河流。

第二种意见认为，火星不仅仅是两个地区有水蒸气，而是整个火星都是一个湿润的行星。原因在于火星上空的大气层所含的水蒸气要比原来估计的多得多，再加上火星表面的冰层，足可以使火星保持一定的湿度，这对于其他行星而言，是十分珍贵而稀有的。

第三种意见认为，火星上不但过去有过大量的汹涌澎湃的河流，如今依然存在着许多奔流不息的河流。只不过由于温度的原因，这些河流都深深地藏于地表下面，成为地下河。

第三种推测看起来还是比较可信的，因为它还有充分的证据。既然火星表面覆盖的是水冰而不是干冰，那么在冰山的压力下，底层的冰就会不断融化，并流向温度较高的赤道地区，形成地下河。有时因为地质原因或者小行星的碰撞，会引起火星震动，就可以使地下河喷出地表，形成喷泉。在严寒的条件下，这些喷泉很快就会冻结，这样就形成了环形的冰山。

以上这些观点发表后，引起了许多人的兴趣，并认为非常可信。有人甚至预言，将来人类可以在火星上建立试验站，并代表地球人去品尝火星水的滋味。

美国太空探索技术公司（SpaceX）创办人马斯克在第六十七届国际宇航大会上发表演讲——《让人类成为跨星球物种》，按照马斯克的初步规划，他希望借助于可重复使用的火箭和飞船，将移民费用降低到20万美元一人，目标是单次至少运送100人，未来几十年里使火星人口达到数百万。

水星上有水吗？

在西方，太阳系中的很多行星是用古希腊和古罗马神话中诸神的名字命名的，如我们所说的水星，在西方则叫墨丘利，他是古罗马神话中的商业神。

水星是太阳系中距离太阳最近的行星，因而它总是像太阳的贴身奴仆一样，淹没在它的光辉里，再加上水星离太阳的角距不超过28°，所以人们用肉眼很难看见它。

一说到水星这个名字，很多人就会想到，它的上边一定会有水，但实际情况却不是这样。在太阳系诸多行星中，水星得到太阳的能量最多，每时每刻都受到太阳强烈的炙烤，表面温度向太阳的一面约440℃，背太阳一面最低可达 –160℃。在这样的地方，水是根本不存在的。1974 年和 1975 年相继发射的宇宙探测器，在对水星进行探查后也证明了水星无水。

然而，这个已经形成定论的观点却遭到了挑战，有科学家提出，水星上可能有以冰的形式存在的水。他们在对从水星表面反射回来的雷达波进行分析时发现，水星极地部分有着较强的反射波，这表明那儿很可能存在着大面积的冰块。这些可能存在冰块的地区有 20多个，宽度约为 14.5 千米，长度最大为 120 千米，恰好在水星环形

山的位置。这些科学家认为，水星南北极地部分接受的日照较少，而环形山口内又终年不见阳光，亿万年来一直保持着低温，水分不至于蒸发，于是这些冰就保存下来了。

如果以上推论正确的话，那么就不能说水星上无水，在它形成和演化过程中，说不定还真的存在过液态水。由此看来，叫它水星并不是完全名不副实。但推论毕竟是推论，还有待于证实。

除了有水无水的问题，关于水星的疑团还有很多，有的已经解开了，有的却一直没有解开。比如，水星的自转速度缓慢，只有59天，

所以很多人一直认为它不会有磁场。但"水手"10号宇宙探测器却测出了它有磁场存在，其强度为地球磁场的1%。这使科学家们感到意外，因此断定水星的内部可能是一个高液态的金属核。

"水手"10号宇宙探测器探测到了水星上最热的地区是一块盆地，科学家叫它卡路里盆地。这里也是太阳系所有行星中表面最热的地方。水星上这个独一无二的地方是怎样形成的呢？天文学家推测，这是数十亿年前由于一颗巨大的小行星与水星相碰撞造成的。它为什么是最热的地方呢？至今还是个谜。

水星表面上到处是一些不深的扇形峭壁，被称为"舌状悬崖"，高度为1~2米，长几千米。这种独特的地势是怎样形成的呢？有的科学家猜测，这是由于水星巨大的内核变冷和收缩，使外壳形成了巨大的褶皱。这种推测很富有想象力，但目前尚缺乏证据。

在很长一段时间里，水星的自转周期曾是一个谜。1814年，德国天文学家测出了水星的自转周期是24小时52秒。75年后，意大利科学家测出了它的自转周期为87.96个地球日。按照当时的著名天文学家小达尔文的推断，在太阳的强大引力下，水星的自转周期等于公转的周期。

1965年，美国天文学家佩廷吉尔和戴斯利用阿雷西沃天文望远镜，准确地测定出水星的自转周期为58.646日，是其公转周期的2/3，这就彻底推翻了以往的错误结论。

根据这个发现，我们可以知道，水星在用88个地球日绕太阳一周后，其本身自转一圈半。也就是说，它公转两圈后，自转了三圈，这叫自转与公转耦合现象。由于这种现象，水星上的一个昼夜要经过两个水星年，或者说一个水星日是它本身的两年。

随着天文学家研究的不断深入，水星神秘的面纱渐渐被揭开，但由于太阳系中各行星的形成及演化过程各不相同，因而一定还会出现更多的水星之谜供人类去探索。

行星的光环是被瓦解的卫星吗？

在太阳系中，土星被誉为美丽的天体，它的光环曾被认为是不可思议的奇迹。科学家经过大量研究发现，在太阳系的行星中，不仅土星戴着光环，木星、天王星和海王星也是戴着光环的。

在这4颗戴着光环的行星中，土星的光环最为壮观和奇丽。历史上首先发现土星光环的是意大利天文学家伽利略。1610年，伽利略用刚刚发明不久的天文望远镜观测土星，发现它的侧面仿佛有一些什么东西。遗憾的是，直到他去世，也没有弄清楚那些东西究竟是什么玩意。

1655年，荷兰天文学家惠更斯终于搞清了土星光环形状不断变化的原因：那是因为它以不同的角度朝向我们。当我们恰好从它的侧面看时，薄薄的光环就仿佛隐去不见了。土星光环厚为10余千米，宽约6.6千米，它可以细分为几个环带，中间夹着暗黑的环缝。

1977年3月10日，包括中国在内的许多国家的天文学家，各自观测到了一次罕见的天文现象——天王星掩恒星。观测的结果使科学家们大为惊奇：在天王星遮掩恒星之前，人们已经先观测到一组"掩"；在天王星本体掩星之后，又发生了另一组类似的"掩"。造成这些"掩"的，原来是围绕着天王星的一些"光环"。这些光环都极细，而且彼此都离得较远。1986年1月，美国发射的"旅行者"2号宇宙飞船飞越天王星时，又发现了几个新的环带。

"旅行者"1号是1977年9月发射的，1979年3月初，它从离木星大约27.5万千米处掠过这颗巨大的行星，发现木星也有一群细细的环。木星环厚约30千米，总宽度超过6000千米，光环与木星的中心距离约12.8万千米。

1989年8月，"旅行者"2号宇宙飞船飞越海王星时，证实了海王星也有光环。海王星的光环有5道。

冥王星是否也有光环，现在还不清楚，但有些科学家推测它也应该有光环。

　　科学家们经过观测研究后发现，行星的光环主要是由无数的小碎块组成的。小碎块的大小可以用米做单位来量度。每个小碎块仿佛都是一颗小小的卫星，在自己的轨道上绕着主体行星运行不息。

　　那么，这些行星的光环究竟是怎样形成的呢？

　　早在 1850 年，法国数学家洛希就推断出：由行星引力产生的起潮力能瓦解一颗行星，或瓦解一个进入其引力范围的过往天体。这种起潮力能够阻止靠近行星运转的物质结合成一个较大的天体。目前所知道的行星环就是位于这个理论范围内，其边界被称为"洛希极限"，是一个重力稳定性的区域。据此，科学家们对行星环的成因进行了三种推测：第一，由于卫星进入行星的洛希极限内，从而被行星的起潮力所瓦解；第二，位于洛希极限内的一个或多个较大的星体，被流星撞击成碎片而形成光环；第三，太阳系演化初期残留下来的某些原始物质，因为在洛希极限内绕太阳公转，而无法凝

集成卫星，最终形成了光环。

不过，对于光环的成因，科学家们目前还只能是进行猜测而已。更令他们疑惑不解的问题是那些窄环的存在，因为根据常规，天体碰撞、大气阻力和太阳辐射都会对窄环造成破坏，使它消散在空间。究竟是什么物质保护着窄环使其存在呢？一些学者提出，一定有一些人们尚未观测到的小卫星位于窄环的边缘，它们的万有引力使窄环得以形成并受到保护。这种观点被后来的天文发现所证实，因为人们不仅在土星而且在天王星的窄环中，都发现了两颗体积很小的伴随卫星，它们的复杂运动相互作用，使光环内的物质运动也缺乏规律性，也许这正是不同的行星环具有不同的形态的原因所在。

随着研究的深入，人们当初的一种推测——行星环为太阳系演化初期残留下来的某些物质绕行星公转而成——受到了越来越多的学者的怀疑。比如，德国的一位天体学家认为，在一亿年前，一颗小彗星与一颗直径 60 英里（约 96560 米）的土星卫星发生碰撞，从而形成土星环。

与此同时，人们还提出了另外一个有趣的问题：为什么土星、木星、天王星、海王星有光环，而水星、金星、火星和地球却没有光环呢？

对于神奇的行星光环，科学家们仍然不断提出新的推测和假说。然而，随着天文新发现的增多，行星光环反而显得更加神秘莫测了。

土卫六上有生命吗？

　　17世纪中叶，荷兰天文学家发现了土星的第一颗卫星，它就是土卫六。在此之后，人们又陆续发现了土星的很多卫星，目前已知的有14颗。

　　尽管土星的卫星有那么多，但最引人注目的还是土卫六。首先，土卫六是太阳系中唯一一颗拥有浓厚大气层的卫星。其次，土卫六曾被认为是太阳系里最大的卫星，其直径为5150千米，只是后来发现了直径为5262千米的木卫三，它才"退居"第二位。

　　天文学家长期以来一直认为，土卫六的大气成分主要是氮，约占98%，甲烷只占1%，其余的是少量的乙烷、乙炔，可能还有氢。

　　在了解了土卫六的大气成分后，天文学家认为，它所拥有的大气层与大约40亿年前地球开始出现生命前的大气层很相像。而且土卫六表面可能有很多岩石，这就更像地球了。因此，有些天文学家推测，在土卫六上也许有着最原始的生命形式。

　　果然，在飞往土星的探测器对土卫六的云层顶端做了认真考察后，真的在那里发现了形成生命前的有机分子，这种有机分子可能是氢氰酸分子。

　　那么土卫六上究竟有没有生命呢？目前这个问题还是个谜。科学家们正在计划向土星区域发射携带着有下降装置的飞船，进入土卫六的大气层，对其大气的有机化学成分及其化合物的形成，进行有针对性的研究。那时候，也许人们就能够准确地回答"土卫六上究竟有无生命"这个问题了。

最美丽的行星

土星古称"镇星"或"填星"，这是因为土星公转周期大约为29.46年，我国古代有二十八宿，土星几乎是每年在一个宿中，有镇住或填满该宿的意味。土星是太阳系中的第二大行星，与它的"邻居"木星十分相像，表面也是液态氢和氦的海洋，上方同样覆盖着厚厚的云层。在太阳系的行星中，土星的光环最惹人注目，它使土星看上去就像戴着一顶漂亮的大草帽。

宇宙篇

宇宙有尽头吗？

　　这是一个非常难以回答的问题。如果说宇宙是没有尽头的，那么宇宙中就应该有无限多颗恒星，无论你朝天空中哪个方向望去，都应该能看到无限多的恒星。尽管每一颗恒星的光都很微弱，但无限多的恒星的光芒汇合起来，就会无限地亮，把天空照得一片通明，地球上就应该永远不会有黑夜。

　　如果说宇宙是有尽头的，那么它的外面是什么呢？

尽管这个问题回答起来十分困难，但因为它是物理学研究领域中一个极其重要的宇宙学问题，所以历代科学家都在积极地加以探索，力争对此做出合理的解释。

亚里士多德

在伽利略和牛顿以前，人们普遍相信亚里士多德的"有限有边"观点，即宇宙是一个有限的结构，宇宙的最外层是由恒星天体组成的，因此恒星天体就是宇宙的边界，在它之外，就没有空间了。

到了牛顿时代，人们开始接受"无限无边"的观点，即认为宇宙的体积是无限的，没有空间边界。宇宙空间是一个三维无限的欧几里得多向空间，即在上下、左右、前后这六个方位上，都可以一直走下去，以至延伸到无穷远。

进入 20 世纪后，爱因斯坦提出了"广义相对论"，他认为不应该先验地假定宇宙空间必定是三维无限的欧几里得多向空间，因为宇宙的空间结构并不是与宇宙间的物质运动无关。爱因斯坦给出的宇宙模型既不是亚里士多德的"有限有边"体系，也不是牛顿的"无限无边"体系，而是一个"有限无边"的体系。所谓"有限"，指的是空间体积有限；所谓"无边"，指的是这个三维空间并不是一个更大的三维空间中的一部分，它包括了全部空间。

我们可以这样来理解爱因斯坦提出的这个"有限无边"的世界：假如有一只小蚂蚁在一个大球上爬行，这个球本身是有限的，但球面根本没有边界，对于蚂蚁来说又是无限的。我们人类和这只蚂蚁一样，就生活在这样一个有限而无边的宇宙中。

1922年，俄国物理学家和数学家亚历山大·弗里德曼提出了一个新的宇宙模型。这是一个膨胀的或脉动的宇宙模型。按照弗里德曼的假设，宇宙的空间尺度一直在随着时间而不断增大，也就是说，宇宙正在不断膨胀。既然宇宙处在不断膨胀的运动之中，那么它的边界每时每刻都应该有具体的位置。从这个意义上说，宇宙应该是有限的。然而，宇宙的边界又在不断地向外扩张，科学家还无法推算出它最终将膨胀到什么程度，会不会永远膨胀下去。从这个意义上说，宇宙又是无限的。

爱因斯坦在得知弗里德曼提出的这个膨胀或脉动的宇宙模型后十分兴奋。他认为自己的模型不好，应该放弃，弗里德曼的模型才是正确的宇宙模型。

说到这里，我们不能不这样认为，宇宙中存在着千千万万个谜，而宇宙本身就是一个最大的谜。

"宇宙"释意

  在汉语中,"宇"代表上下四方,即所有的空间;"宙"代表古往今来,即所有的时间,所以"宇宙"这个词有"所有的时间和空间"的意思。在西方,"宇宙"这个词源自希腊语的 Κόσμος,古希腊人认为宇宙是从混沌中产生出秩序来,Κόσμος 的原意就是"秩序"。在英语中经常用来表示"宇宙"的词是 universe。这个词与 universitas 有关。在中世纪,人们把沿着同一方向朝同一目标共同行动的一群人称为 universitas。在最广泛的意义上,universitas 又指一切现成的东西所构成的统一整体,那就是 universe,即宇宙。universe 和 cosmos 常常表示相同的意义,所不同的是,前者强调的是物质现象的总和,而后者则强调整体宇宙的结构或构造。

宇宙真的起源于一次大爆炸吗？

弗里德曼提出的宇宙模型虽然得到了爱因斯坦的肯定，但在当时却未引起学术界的注意。1925 年，这位天才科学家因患伤寒去世，年仅 37 岁。

1927 年，比利时天文学家勒梅特在弗里德曼的假设的基础上，又进一步猜测，在若干亿年前，宇宙的物质都集中在一个地方，形成了一种他称之为"原始原子"的结构，有人把它形象地称为"宇宙蛋"。在某一时刻，这个"宇宙蛋"爆炸开来，就创造出了我们

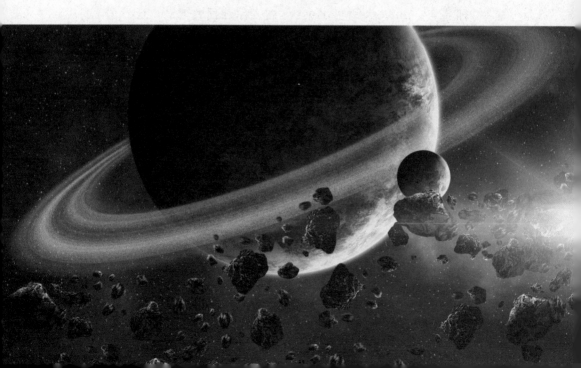

现在所说的宇宙。

1946 年，美国物理学家伽莫夫结合勒梅特的理论，提出了宇宙大爆炸理论。按照宇宙大爆炸理论的主要观点，宇宙曾有一段从热到冷、从密到稀的演化史，这个过程就如同一次规模巨大的爆发。

宇宙大爆炸理论把宇宙的演化过程分成三个阶段：

第一阶段为极早期。在这个时期，整个宇宙处于极高温高密度状态，温度高达 100 亿℃以上，光辐射极强。宇宙间只有中子、质子、电子、光子和中微子等一些基本粒子形态的物质。宇宙处在这个阶段的时间非常短暂，短到可以用秒来计算。

第二阶段为中间期。由于整个宇宙体系在不断膨胀，温度很快开始下降。当温度降到 10 亿℃左右时，中子开始失去自由存在的条件，它要么发生衰变，要么与质子结合成重氢、氦等元素，元素就是从这个时候开始形成的。当温度进一步下降到 100 万℃后，早期

形成元素的过程就结束了。宇宙间的物质主要是质子、电子、光子和一些比较轻的原子核，光辐射依然很强。这一阶段的持续时间比上一阶段长，有数千年的历史。

第三阶段为稳定期。当温度继续下降到几千摄氏度时，辐射开始减退，宇宙间的主要物质是气态物质，它们逐渐凝聚成气云，再进一步形成各种各样的恒星体系，这就成了人们今天所看到的星空世界。这一阶段大约有200亿年的历史，人类现在仍然生活在这个时期里。

宇宙大爆炸理论刚刚提出来的时候，不但没有受到科学界的赏识，反而不断遭到批评和质疑。不过，大量的天文观测事实有力地支持了这一观点。比如，大爆炸理论认为，所有的恒星都是在温度下降后产生的，因而任何天体的年龄都应该小于200亿年。通过天文观测和科学计算，确实没有发现超过200亿年的天体。再比如，各种不同天体上氦的含量都相当大，一般都是30%。用恒星核反应机制不足以说明为什么有如此多的氦，而根据宇宙大爆炸理论，宇宙早期温度很高，产生氦的效率也很高。

有了这些观测事实的支持，宇宙大爆炸理论便在诸多宇宙起源学说中独占鳌头，获得了"明星"的桂冠，成为最有影响的一种假说。然而，宇宙大爆炸理论还存在着一些至今未能解决的问题，比如，天文观测的数据证实，我们这个宇宙极为均匀，极度各向同性分布，这是宇宙大爆炸理论无法解释的。

宇宙会不会一直膨胀下去呢?

1929 年，美国天文学家哈勃发现，河外星系普遍存在着红移现象。这个现象说明，河外星系都在远离我们而去。也就是说，不管你站在宇宙间的哪颗星球上，都会发现所有的星星在向四面八方飞散。

天文学家经过进一步观测发现，距离近的星系红移量小，距离远的星系红移量大，这种关系被称为"哈勃关系"。比如，离我们 5.7 亿光年的狮子星座，正以每秒 1.95 万千米的速度离去，而离我们 12.4 亿光年的牵牛星座，正以每秒 3.94 万千米的惊人速度离去。照此推算，在离我们 100 亿光年的地方，星系的移动速度将达到每秒 30 万千米，与光速相等。再远的地方由于光无法到达，人们也就观测不到了。

星星与星星之间为什么会互相远离呢? 按照有些科学家的解释，其原因就在于宇宙膨胀。举例来说，我们所处的宇宙好比一个带斑点的气球，星星就好比气球上的那些斑点，吹气之后，气球开始膨胀，那些斑点之间的距离就会跟着变大。你不妨想象自己站在这个气球的某个点上，当气球膨胀时，你就会发现别的点都在慢慢地离开你，越来越远。你换到其他任何一个点上，会看到同样的情景。

　　那么，是什么力量推动着宇宙在不断膨胀呢？根据宇宙大爆炸理论，"宇宙蛋"爆炸后，物质就飞散开来，宇宙由此开始膨胀，一直持续到现在。宇宙在不断膨胀的同时，又在不断地降温，已经降到了约 -270℃。当然，这并不是说宇宙中任何地方都是这个温度，比如，恒星上的温度就很高，有的甚至达到几万摄氏度。但是在空旷的宇宙中，这些恒星就像寒夜中的篝火一样，温度再高也改变不了周围的低温世界。

　　既然宇宙从诞生到现在一直在膨胀，那么人们不禁要问，这种膨胀会不会有停止的那一天呢？

　　科学家们发现，宇宙虽然一直在膨胀，但膨胀的速度却在逐渐减缓，原因在于宇宙中的物质之间存在着万有引力。这种万有引力将互相离开的物质往回拉，只是它的力量大小难以估计。如果引力不太强，那么膨胀的速度虽然在变慢，却永远不会变成零，这样宇宙就将无限地膨胀下去。如果引力很强，那么宇宙膨胀的速度就会逐渐减小到零。到那时候，宇宙的膨胀就会停止，并且开始收缩，越缩越小。

　　对于宇宙膨胀的前景，相当多的学者认为，宇宙中的物质密度很小，引力很弱，因此宇宙将无限膨胀下去。如果宇宙总质量大于某一临界质量，宇宙的结构就是球形的，并且总有一天会在引力的作用下收缩；如果宇宙总质量小于临界质量，宇宙的结构就是马鞍形的，宇宙内部的引力无法抵消宇宙膨胀的速度，于是宇宙便会一直膨胀下去；如果宇宙总质量恰好等于临界质量，那么宇宙的结构就是平坦的，宇宙也将一直膨胀下去。

　　那么，宇宙的结构是什么样的呢？科学家提出了一个衡量宇宙结构的标准：如果两束平行光线越来越近，那么宇宙的结构就是球形的；如果两束平行光线越来越远，那么宇宙的结构就是马鞍形的；如果两束平行光线永远平行下去，那么宇宙的结构就是平坦的。经过研究发现，在大尺度上，宇宙最初发出的光线并没有发生弯曲现象，也就是说当初的两束平行光线一直保持着平行状态，这说明宇宙的结构是平坦的。也就是说，宇宙总质量恰好等于临界质量，因此宇宙将像现在这样一直膨胀下去。

　　然而，有很多科学家并不同意上述观点，他们认为，宇宙中的引力比我们知道的要大得多，足以使宇宙停止膨胀，开始收缩。根据计算，如果宇宙的平均物质密度小于 5×10^{-27} 千克 / 立方米（相当于每立方米中有三个核子），那么，我们这个宇宙就会不断膨胀下去，星体之间的距离就会越来越远；如果宇宙的平均密度大于 5×10^{-27} 千克 / 立方米，那么在几十亿年后，在引力的作用下，更多的星系将重新靠近。此时，由于星体间的碰撞，星空将变得越来越明亮，天空也会越来越灼热。最后，所有的星体将被压缩在一个很小的范围内，这时，高温高密度所产生的巨大压强会阻止这个压缩过程的继续，从而有可能再来一次大爆炸，使宇宙再度膨胀。

有一部分天文学家认为，宇宙从来就没有什么开端，它的物质一直就在反复地聚拢而后又分开，分开后又聚拢，永无止境。这样一幅图景被称为"振荡宇宙"。

那么，宇宙的平均物质密度到底是多少呢？由于宇宙太大了，人们实在难以准确地测量出来，所以也就无法知道宇宙将来是不是会停止膨胀。

假如宇宙真的开始收缩了，那时候会出现什么情景呢？时间是不是到那时就走到了尽头，开始往后退呢？随着时间的倒退，历史长河中已经发生过的一切会不会重演呢？这些深奥而奇妙的问题都在等待着人们去探索。

来自宇宙的噪声

1965 年，美国新泽西州贝尔电话实验室的两位科学家阿诺·彭齐亚斯和罗伯特·威尔逊正在检测一个灵敏的微波探测器。当他们用探测器上庞大的天线进行巡天扫描时，无论指向哪个方向，总能收到较高的信号噪声。而且这种神秘的信号噪声非常稳定，不受时间、季节限制。

这是怎么回事呢？他们先是怀疑线路有问题，或者是发热，或者是线路不均匀，于是就想办法降低了线路温度，并使线路尽量均匀，但那微波噪声没有丝毫减弱。在微波探测器天线的旁边，有一个鸽子巢，巢外留下了不少白色的鸽子粪，于是人们又把怀疑的目光瞄向鸽子。他们赶走了鸽子，清除了鸽子粪，但还是无法驱除那神秘的噪声。经过多方排除和分析，只剩下一种可能，那就是这个噪声来自宇宙。宇宙中充斥着一种均匀的微波辐射，因此在天空的任何一个方向，都可以接收到这种稳定不变的微波噪声。

当时，彭齐亚斯和威尔逊并不明白他们这项发现的重大意义。不久，伽莫夫提出了宇宙大爆炸理论，而宇宙微波噪声正好为它提供了有力的证据。1978 年，彭齐亚斯和威尔逊获得了诺贝尔物理学奖。

夜晚的天空为什么是黑的？

　　如果有人很认真地把这个问题提出来，也许会遭到很多人的嘲笑。到了夜晚，太阳落下去了，天空中没有了阳光，当然就变黑了，这有什么奇怪的呢？

　　其实，这个问题并不这么简单。早在 1610 年，德国著名的天文学家开普勒就思考过这个问题。他把夜晚天空的黑暗看成是宇宙大

小有限的证据。当人们通过恒星之间的缺口眺望时，所看到的是一堵围绕着宇宙的黑暗的围墙。在这幅图像中，你站的地方不是无边无际的森林，而是一片小树林，当你通过树干间的空隙观望时，你看到的只能是树林外面的世界。

18 世纪瑞士天文学家德谢梭根据恒星的大小和它们之间的平均距离进一步计算得出，当宇宙的直径达到约 1000 万亿光年时，我们朝任何方向看去，相当于看到一颗恒星的亮度。

1823 年，德国天文学家奥尔伯斯指出，如果宇宙是无边的，那么在天空中就会广泛而均匀地分布着无数恒星，人们无论从哪个方向望去，都能望见恒星。根据奥尔伯斯周密的计算，即使把距离的因素考虑进去，这些恒星所发出的亮光也会使地球的夜空变得比白天还亮，大约相当于整个天空中布满了太阳。

奥尔伯斯的这个观点与人们的日常经验是矛盾的，所以被称为"奥尔伯斯佯谬"。那么，怎样才能对"奥尔伯斯佯谬"做出合理的解释呢？这在当时引起了一场激烈的争论，却没有争出什么结果来。在此之后的一个多世纪，不断有人想对这个问题做出解答，但直到现在为止，还没有人能做出全面的解释。

起初，有人提出，夜晚的天空之所以是黑的，是因为地球上空的尘埃和宇宙间的星际物质，遮蔽了来自遥远的恒星的光。奥尔伯斯本人也是这样认为的。然而，如果尘埃和星际物质吸收了那么多能量，它们必然要变热而发光，这恰恰证明"奥尔伯斯佯谬"不是荒谬的。

后来，又有人试图利用哈勃定律来解释"奥尔伯斯佯谬"。来自遥远星球的光在大幅度红移，并在这个过程中丧失了能量。因此，我们只能看到近处的恒星是明亮的，却看不到远处恒星的光芒，所以整个天空就显得一片黑暗。

美国有一位名叫哈里森的科学家提出了一个很独特的观点，他认为由于光的传播需要一定的时间，因此我们看不到恒星所发的光。我们看到的黑色的天空背景，很可能是恒星形成之前的一段时间。这个观点涉及"宇宙起源"这个深奥的难题，因而人们暂时还无法判断它正确与否。

多普勒效应

1842 年里的一天，奥地利一位名叫多普勒的数学家从铁道口路过，恰逢一列火车从他身旁驰过。他发现火车由远而近时汽笛声变响，音调变尖，而火车由近而远时汽笛声变弱，音调变低。多普勒觉得这个现象很有趣，就对它进行了研究，发现这是由于振源与观察者之间存在着相对运动，使观察者听到的声音频率不同于振源频率。人们把它称为"多普勒效应"。

多普勒效应不仅仅适用于声波，也适用于所有类型的波，包括电磁波。美国天文学家哈勃根据多普勒效应得出宇宙正在膨胀的结论。他发现，远离银河系的天体发射的光线频率变低，即移向光谱的红端，称为"红移"。天体离开银河系的速度越快，红移就越大，这说明这些天体在远离银河系。反之，如果天体正移向银河系，则光线会发生"蓝移"，即移向光谱的蓝端。

宇宙的年龄到底有多大？

我们要想知道一个人的年龄，首先要知道他是哪一年出生的。同样，我们要想知道宇宙的年龄，也要知道它是什么时候诞生的。

按照宇宙大爆炸理论，宇宙的年龄应该从它原初大爆炸的那一瞬间算起。根据宇宙大爆炸理论，宇宙有一个非常重要的特征，那就是从它诞生的那一刻起，就在一刻不停地膨胀。如果宇宙膨胀是均匀的，根据哈勃常数的倒数就可以直接给出宇宙的年龄，大约为200亿岁。

然而，问题在于，即使可以确定宇宙大爆炸理论是正确的，哈勃常数的精确程度和宇宙膨胀的均匀程度却无法确定。首先，由于宇宙中的物质存在着万有引力等相互作用，因此宇宙膨胀就不可能是均匀的。其次，哈勃常数的数值测定与许多因素有关，按不同方法测定的哈勃常数彼此间相差很大，而由此计算出来的宇宙年龄自然也就相差很大。比如，法国天文学家沃库勒用新星、造父变星、超巨星等5种星体作为标准烛光，对300个星系进行观测，得出的哈勃常数为100千米/（秒·百万秒差距），由此得出宇宙的年龄只有100亿岁。目前，天文学界比较普遍的意见是，宇宙年龄的上限基本可以定在200亿年，下限最好定在140亿年左右。

　　根据宇宙膨胀的速度向前推算宇宙的年龄，这种方法虽然比较科学，但并不十分准确，因此科学家们一直在努力寻找其他方法，争取对宇宙的年龄做出比较准确的估算。

　　2001 年，法国巴黎天文台等机构的科学家利用欧洲南方天文台设在智利的"极大望远镜"上的高精度光谱仪，在银河系外缘的一颗古老恒星上观察到了铀 238 谱线。根据铀 238 谱线，可以推算出这颗恒星上铀元素的含量。在将它与钍元素含量进行比较后，初步推算出，宇宙年龄至少有 125 亿年，误差为前后 30 亿年。如果继续研究这颗恒星上的放射性重金属谱线，并寻找其他含铀的贫金属恒星，就有可能进一步提高推算的精度。

　　2002 年 4 月，一个由法国、荷兰、德国和美国科学家组成的研究小组发现了一个远在 135 亿光年外的正在形成的星系团。这个星系团是宇宙诞生初期的产物，它的年龄在 135 亿年左右，由此推断，宇宙的年龄不会低于 135 亿年，但也不会超出这个数字太多。

不久，美国的天文学家利用哈勃太空望远镜观测到了迄今所发现的银河系中最古老的白矮星，这又为确定宇宙年龄提供了一个全新的途径。这些古老的白矮星年龄为 120 亿~130 亿年。白矮星是宇宙中早期恒星燃尽后的产物，它会随着年龄的增长而逐渐冷却，因而被视为测量宇宙年龄的理想"时钟"。天文学家们打比方说，借助白矮星来估算宇宙的年龄，就好像通过余烬去推测一团炭火是何时熄灭的一样。根据哈勃太空望远镜拍摄到的照片，这些白矮星的亮度不及人的肉眼所能看到的最暗星体的 10 亿分之一。它们极有可能是在宇宙大爆炸后不到 10 亿年间形成的。将这 10 亿年考虑进去，结合最新的观测结果，可以推算出宇宙的年龄应该在 130 亿~140 亿年之间。

哈勃常数

1929 年，美国天文学家哈勃首先发现河外星系的天体退行速度与地球观测者之间的距离成正比，并测出其比值为 500 千米 /（秒·百万秒差距）。为了纪念哈勃的功绩，国际天文学界就把这个比值称为"哈勃常数"。后来，经过许多科学家的辛勤努力，先后用多种距离指标的方法重新修订哈勃常数，得出哈勃常数的数值为 74 千米 /（秒·百万秒差距），这只有哈勃当年测定值的 1/6。

星系是怎样形成的？

在清朗无月的夜晚抬头遥望天空，你会看见天空中有一条乳白色的带子，这就是人们通常所说的银河。在整个银河系中，太阳实在是太微不足道了，它只是银河系中一颗普通的恒星。而在整个宇宙中，银河系又显得太微不足道了。像银河系这样的星系，迄今为止人类已发现了几千亿个，其中离我们最远的距离达100多亿光年。

作为恒星的巨大集群，每个星系所包含的恒星数目各不相同。有的是几十亿颗，有的是上千亿颗，星系的形态也是千差万别。早在 1926 年，美国天文学家哈勃就提出，星系可以分成三大类。第一类是不规则星系，数量较少，外形没有什么规律。第二类是椭圆星系，约占星系总数的 60%，其中直径最大的可达 50 万光年，是银河系的好几倍，最小的直径只有 3000 光年。第三类是旋涡星系，约占星系总数的 30%，它通常有一个比较明亮的椭圆状的中央核区，从核区内向外伸出两条盘旋着的旋臂。当它们正面对着我们时，可以清楚地观测到其中的旋涡结构；如果以侧面对着地球，看上去就像是一个扁扁的铁饼。

对于星系，人类已经做过大量的研究和观测，但对于"星系是怎样形成的"这个问题，至今却很难给出准确的回答。一般认为，星系是由原星系演化而来的，原星系又是由宇宙中星系的前身物质形成的，那么这些前身物质又是从哪里来的呢？天文学家提出了一些推测，却始终无法给出定论。

一种观点认为，星系的前身物质可能是宇宙膨胀后的弥漫物质。在引力的作用下，这些弥漫物质收缩并凝聚起来。如果凝聚区域在星系团或超星系团尺度，那么其中就有可能出现许多凝聚中心。随着密度的增大，星系团尺度的物质就会碎裂成星系。如果凝聚区域在星系团尺度，就有可能先形成星团，再聚集成星系。在弥漫物质收缩凝聚过程中，第一代恒星就随之形成了。

这种观点似乎很容易理解，但有关计算结果表明，单靠自身引力作用，弥漫物质无法聚集成星系那么大质量的天体。于是有人认为，

星系的核心是黑洞，是它以强大的引力把弥漫物质吸引到周围形成星系。也有人认为，宇宙处于辐射时代时，由于辐射很强，会引起等离子的湍流。当宇宙进入物质时代后，大大小小的湍流相互碰撞、混合，产生出很大的冲击力，使物质成团成块，逐渐演化成星系。

　　另一种观点认为，星系的前身物质可能是宇宙早期的超密物质，在宇宙大爆炸的过程中，可能有一些物质延迟爆炸，称为"延迟核"。延迟核又称"白洞"，它与黑洞正好相反，不是把一切物质都吸引进去，而是把其中的物质全都抛出来。当延迟核开始爆炸时，它的密度要比周围的物质密度大得多，抛射出来的物质就形成了星系。

星云的发现

　　星系，形象地说，它是宇宙中由大群星星组成的"岛屿"。星云则是包含了除行星和彗星外的几乎所有延展型天体。人们有时将星系、各种星团及宇宙空间中各种类型的尘埃和气体都称为"星云"。1758年8月28日晚上，一位名叫梅西耶的法国天文学爱好者在巡天搜索彗星的观测中，突然发现了一个云雾状斑块。这个斑块在恒星之间没有位置变化，显然不是彗星。它是什么天体呢？在没有揭开答案之前，梅西耶将这类发现（截至1784年共有103个）详细地记录下来，其中第一次发现的金牛星座中的云雾状斑块被列为第一号，即M1，"M"是梅西耶名字的缩写首字母。

　　梅西耶建立的星云天体序列至今仍然在使用。他的不明天体记录（梅西耶星表）于1781年发表后，引起英国著名天文学家威廉·赫歇尔的高度重视。在经过长期的观察核实后，赫歇尔将这些云雾状的天体命名为"星云"。

活动星系核的能量
是来自超新星爆炸吗?

许多星系都有一个密度极大的中心凝聚部分,它就叫"星系核",其大小只有星系的千分之一。有的星系核比较宁静,没有猛烈的物质运动,发出的辐射也不太强,例如银河系就是这样。但是有些星系核却处在剧烈活动状态,看上去很明亮,人们把它们称为"活动星系核"。

活动星系核中常有高速气流喷出,炽热的气流速度有的达每秒几千千米,最高的可达每秒上万千米。有的星系核还会发生猛烈爆炸,抛出的物质有几百个乃至上千个太阳的质量。星系核的爆发是宇宙中最大的高能过程,也是星系核活动形式中最剧烈的一种。

活动星系核还会发出巨大的非热辐射,其功率可达 10^{46}~10^{47} 尔格/秒。已知太阳每秒钟辐射出去的能量不过 10^{34} 尔格,由此可见活动星系核释放的能量是何等惊人。

活动星系核的能量是从什么过程中释放出来的呢? 天文学家们在这个问题上各抒己见,提出了很多看法,各有其道理,但至今尚未形成定论。

　　一种意见认为，活动星系核的能量可能来自恒星的相互碰撞。一般来说，星系核是星系中密度较大的地方，那里的恒星空间密度也一定非常高。大量恒星密集在那么小的空间里，彼此间一定会发生碰撞，而大量恒星的相互碰撞就有可能发出巨大的能量。

　　另一种意见认为，活动星系核中有许多恒星，而中等质量以上的恒星演化到晚期就有可能出现超新星爆发，而每个超新星爆发时都能释放出 10^{51} 尔格的能量，如果大量恒星此起彼伏地爆发开来，放出的能量显然极其巨大。

　　还有一种意见认为，星系核是一个由等离子体组成的旋转球体，在星系核旋转的过程中，磁力线会发生扭曲。当方向相反的磁力线碰到一起时，就会发生类似正、反粒子相遇的湮灭现象，磁场能就会迅速转化为粒子动能，发生爆发现象。

此外，也有人认为，由于星系核密度大，引力自然也大，它可能逐渐吞噬周围的恒星，使自身的质量增加，形成一个黑洞。当大量物质向黑洞中心坍缩时，引力能就有可能转化为辐射能。

与此相对应的学说认为，星系核有可能是一个白洞，它是由星前超密物质构成的。它不是像黑洞那样把一切物质都吸引进去，而是把其中的一切都向外抛射，于是就释放出巨大能量，构成了宇宙间最壮观的图景之一。

尔格与达因

尔格是一种功和能量的单位，1 尔格相当于 1 达因的力使物体在力的方向下移动 1 厘米过程中所做的功，而 1 达因就是使 1 克质量的物体获得 1 厘米/秒^{2}加速度所需的力。

旋涡星系会逐渐变成圆盘形吗？

在目前人们所观察到的星系中，以旋涡星系的形状最为有趣。从侧面看去，它很像一个铁饼，中间凸起，四周扁平，从凸起的部分螺旋式地伸展出若干条狭长而明亮的光带，这就叫它的"旋臂"。有的旋涡星系的旋臂卷得很紧，有的却卷得很松。天文学家哈勃把卷得紧的叫作"Sa 星系"，卷得松的叫"Sc 星系"，卷得不紧也不松的叫"Sb 星系"，这里的 S 是英语中"旋涡"这个单词的第一个字母。

在旋涡星系中，绝大多数恒星都集中在扁平的圆盘内，而在旋臂上集中了大量的星际物质、气体和疏散星团。

旋涡星系的旋臂形状就像树木的年龄一样，从中可以看出星系的年龄。旋臂越是明显松散，星系的年龄就越小。旋臂中气体充足，不久的将来就会有大批新的恒星在这里产生。银河系、仙女座星系、大熊座星系等，都是发展得很完整的旋涡星系，它们目前都正处于生命力旺盛的中年时期。

一般来说，在引力的作用下，星系应该是一个扁圆盘，不可能形成旋涡结构。即使出现旋臂，也应该是暂时现象。在星系自转过程中，由于靠里面的恒星转动得快，外边的转动得慢，星系形成不久旋臂就会缠紧。可是从银河系诞生到现在，太阳已经围绕银河中心旋转了二十多圈，却没有发现其旋臂缠紧。这是怎么回事呢？

科学家们提出了一种"密度波"理论，对这个问题做了很好的说明。假设有一段马路正在施工，路面上只留下一条窄窄的通道供车辆通过，那么这个地方的交通就会变得格外拥挤。如果从空中往下望，就会看到这里一天到晚挤满了车辆。在旋涡星系中，旋臂就好像是正在施工的路段，这个地方恒星特别多，引力也特别强，所以不仅吸引了大量的气体尘埃，而且当恒星从这里通过时，都必然要减慢速度，使这里显得非常拥挤，远远看去就呈现出旋涡状的结构。实际上，旋臂中的恒星是在不断运动、更替的。

根据密度波理论，我们可以知道旋涡星系的旋臂是什么，但是我们却不知道为什么会出现这样的密度分布。也就是说，旋涡星系的旋臂至今还是一个等待解答的天文学之谜。

不规则星系是从球形演变而来的吗？

　　公元 10 世纪时，航行到南半球的阿拉伯人就注意到在天空中有两个模糊的天体。1519 年，葡萄牙航海家麦哲伦进行环球航行时，首先对这两个天体做了精确的记录和描述。后人为了纪念他，就把这两个天体分别称为"大麦哲伦星云"和"小麦哲伦星云"。

　　大、小麦哲伦星云是已知星系中离银河系最近的两个，可以说是我们的"邻居"，但它们和银河系的模样却大不相同。按照哈勃

的分类法，银河系属于旋涡星系，而大、小麦哲伦星云属于不规则星系。

不规则星系的形状为什么是不规则的呢？要想回答这个问题，首先要确定各类星系之间是否存在着互相演化关系。如果存在着这种关系，就应该到演化的源头去寻找原因。

早在20世纪30年代，就有很多人认为星系之间是按照一定形态演化的，至于演化的具体过程，却出现了两种截然不同的意见：

一种意见认为，所有的星系都是从球形开始的，由于自转而变成椭圆形星系；当椭圆越来越扁时，就会生出旋臂，形成旋涡星系；随着旋臂的不断展开以至最后消失，就变成了不规则星系。也就是说，不规则星系是所有星系的归宿。

另一种意见认为，所有的星系都是从不规则星系开始的，经过自转后产生轴对称，生出旋臂，旋臂由松逐渐变紧，形成椭圆形，最后又演化成球形系统。也就是说，不规则星系是所有星系的前身。

以上两种看法都遇到了许多无法解释的现象。比如，在椭圆星系和旋涡星系中，都存在着年龄相差不多的老年恒星。而且这两类星系的扁度相差不大，不可能相互转化。于是有人提出，各类星系之间是不能彼此转化的，它们的形态和结构之所以有那么多不同，主要是与它们形成时的初始条件有关。在密度或速度弥散度较大的气云中，恒星的形成速度从一开始就比较快，气体几乎很快就用完了，于是就形成了椭圆星系。而在密度或速度弥散度较小的气云中，部分恒星形成得比较快，就成为星系的中心，未形成恒星的气体逐渐沉向星系盘，于是就形成了旋涡星系。

至于不规则星系，有可能是在大星系形成后，由剩余的气体逐渐积聚、演化而成的。所以，不规则星系很多都在大型星系的附近。由于同样原因，它的密度较小，形成恒星的速度比较慢，因此在它的里面年轻的恒星很多，有些还是刚刚问世的。

按照这种解释，星系的形状从一开始形成起，就已经定形并保持下来，接下来就进行着孤立的演化，有人把它形象地称为"宇宙岛"。然而，近年来的研究发现，星系在演化的过程中有可能被其他因素所改变。这样一来，问题就变得更加复杂了，也就要求天文学家更好地开动脑筋了。

恒星是由星际弥漫物质聚集而成的吗?

天空中，除了少数行星外，都是自己会发光、位置相对稳定的恒星。"恒"就是长久固定不变的意思。古人以为恒星的位置是不变的，所以给它起了这个名字。其实，恒星不但自转，而且各自都以不同的速度在宇宙中飞奔，速度比宇宙飞船还快。比如，天狼星以 8000 米 / 秒的速度飞离地球而去。只不过恒星离地球太远了，所以人们很难觉察到它在运动。

恒星和人一样，也要经过一个从生到死的过程，只不过它的寿命要比整个人类的历史还要长得多。我们都知道一个婴儿是怎样诞生的，那么恒星又是怎样"生"出来的呢?

有一种观点认为，恒星是通过某种巨大的超密态的"星胎"剧烈爆发而集体形成的;另一种观点认为，恒星是由星际的弥漫物质，如尘埃、微粒、某些元素及其分子集聚而成的。这两种观点是完全对立的，而且都有理论和观察依据，但目前大多数天文工作者倾向于后一种说法。

宇宙空间的弥漫物质怎么会形成恒星呢? 一般来说，星际物质的分布是不均匀的，有的地方密一些，有的地方疏一些，密的地方物质之间的引力大一些，但还是不足以收缩形成原恒星。由于外界

出现某种扰动，向星际云输入一定的能量，使原先密度比较大的地方密度更大，当密度大到一定程度时，自身引力变大，于是大的星际云就分裂成许多密度大的小星际云，继续收缩下去，就形成了许多原恒星。

原恒星似云非云，似星非星，其内部的压力和温度都在逐渐上升。当温度升高到几百摄氏度时，原始恒星就能向外放射出红外线，被称为"红外星"。红外星进一步收缩，内部温度上升到两三千摄氏度，内部压力增大，已能和外部引力相抗衡，收缩速度开始减慢。随着星体的缓慢收缩，星体内部的温度也慢慢上升。当温度上升到10000℃左右时，恒星内部的热核反应开始，一颗光芒四射的恒星就正式诞生了。像太阳这么大的恒星，一般需要几千万年的缓慢收缩才能最终形成。

在研究恒星的演化过程中，赫罗图有重大的作用。在赫罗图上，绝大多数恒星位丁从左上端到右下端的一条斜带内，这条斜带叫"主星序"，位于主星序中的恒星叫"主序星"。恒星诞生后，就进入主星序，随着年龄的不断增大，它在主星序中的位置也逐渐从右上方向左下方移动。处于主序星阶段的恒星，内部进行着氢聚变成氦的热核反应，因而释放出高额能量。在这一阶段里，恒星内外部的压力和引力势均力敌，所以它既不收缩也不膨胀，这是恒星的青壮年时期，也是恒星一生中最长的阶段，太阳停留在主序星阶段的时间大约为 100 亿年；质量比太阳大 15 倍的恒星，这段时间只有 1000 万年；而质量仅为太阳质量 1/5 的恒星，在主序星阶段的逗留时间却长达一万亿年。

度过主序星阶段后，恒星就逐渐衰老了。这时，它内部的热核反应逐渐停止，外层突然膨胀，表面积迅速增大，因而光度变大，但是温度降低，于是恒星向红巨星演化。在赫罗图上，这颗恒星的位置就从主星序向右上方移到红巨星区域。红巨星是恒星的老年阶段。

当红巨星内部的氦也全部烧尽后，它就开始走向毁灭。一般来说，主序星演化到最后可能有三种归宿：第一种是小质量的恒星演化成白矮星，第二种是中等质量的恒星演化成中子星，第三种是大质量的恒星最后演化成黑洞。

从赫罗图上看，绝大多数恒星都分布在主星序上，这说明大多数恒星目前都处在青壮年时期，这也说明我们的宇宙目前还处于青壮年时期。

　　根据天文学家的精心描绘，我们不仅知道了恒星是怎样形成的，也知道了它一生的演化过程。然而，以上描绘是否完全符合实际，还需要天文学家继续进行理论探讨和实际观测，这样才能彻底揭开恒星从诞生到死亡的演化之谜。

黑洞是可以吞噬一切的无底洞吗？

早在 1916 年，德国科学家施瓦兹就根据爱因斯坦的相对论做出这样的预言：当某个天体的体积不断缩小，即它的密度得到增大时，该天体的任何物质都无法挣脱它的引力，当然外界发来的光也无法反射回去，这时候天体在外界看来完全是一个"黑"的天体。他还推算出了这种缩小后的天体体积的上限。

令人惊奇的是，施瓦兹的这一预言竟与 1798 年法国天文学家拉普拉斯根据牛顿力学所做出的预测相差无几。拉普拉斯认为，如果某一天体要使其本身的光发不出去，则该天体的半径必须小到一定程度，这时外界就无法看到它。又因其密度极大，能产生强大的吸引力，不断将周围的天体吞噬掉，恰似一个无底洞。1969 年，美国物理学家约翰·惠勒将这种"贪得无厌"的空间命名为"黑洞"。

关于黑洞的预言出现后，当时并未受到世人的注意，因为这种天体的密度实在大得令人难以置信。科学发展至今，白矮星和中子星的存在已被确认，中子星的密度可达 1 亿吨 / 立方厘米，所以黑洞的存在已不再是不可思议的了。

那么，这种密度极大的奇异天体是如何形成的呢？科学家认为，同任何事物一样，恒星也有其产生、演化和消亡的过程。一个正常的恒星相对来说是比较稳定的，其存在过程也是漫长的。在此期间，恒星内部的核热力与外部的向心重力相互抵抗，呈平衡状态。但是当恒星内部的核物质消耗殆尽，即热辐射等产生的向外压力消失时，在强大的外力压迫下，该恒星的物质结构遭到破坏，就会产生收缩现象，大量的物质迅速向核心坠落，在核心附近形成高密度的物质团——恒星残骸。在这个过程中，由于大量的原子结构遭到破坏，必然引起恒星表面的原子爆炸，将一部分物质抛向太空。这就是我们观测到的新星爆发，其残骸部分就会形成白矮星或中子星以至黑洞。

虽然黑洞问题在理论上提出来已有几十年了，并且许多科学家在这方面做了大量的研究，但至今仍无足够的证据来证明它的存在。

即使黑洞的存在是事实，可疑之处仍然不少。首先，黑洞的温度不可能是绝对零度。如果黑洞本身的温度低于周围环境的温度，它从周围环境中吸取能量，这是正常的。如果它的温度高丁周围环境，它显然要释放能量，而这与黑洞的定义相矛盾，也不符合热力学定律。对此，科学家们很难找到合理的解释。

其次，黑洞的内部会是怎样的呢？它的密度是否均匀呢？从理论上说，当一个天体的半径小到某种程度时，其体积将会无限地收缩下去，当体积收缩至零，密度为无穷的一点时，该点称为"极点"。在人类可知的空间中，还没有这种极点存在。所以黑洞内部的情形无从观察。

另外，根据通行的黑洞理论，这个可以吞噬一切的无底黑洞是没有磁场的。而英国的一个研究小组动用 14 部天文望远镜，对距离地球 90 亿光年以外的类星体进行观察，却发现这个类星体的中央周围有一圈碟形的物质形成的洞，它是由一个强力磁场喷发出大量物质形成的，其中有许多等离子形成的奇特球体，类星体中央带有磁力的等离子球体的存在，就排除了黑洞的可能。而此前很多科学家一直相信，类星体的中央便是黑洞。

对于黑洞的前途，人们也无法推测，它是永远保持原来的状态，还是会在一定的阶段产生出另外一种新的形式呢？在第一种情况下，各种天体都不是绝对稳定的，在将来的某一天，整个宇宙将变成一个特大黑洞。如果是后一种情况，黑洞将会以何种新形式出现呢？它的转变形式的巨大动力来自哪里呢？前者似乎让人无法接受，后者又让人觉得解释不了。

总之，黑洞的奇异性质引起了天文学家越来越大的兴趣，国内外对黑洞的研究也不断地得到深入发展，黑洞之谜最终会被逐步揭开的。

霍金辐射

1975 年，霍金发表了一个令人震惊的结论：如果将量子理论加入进来，黑洞好像不是十分黑。相反，它们会轻微地辐射出光子、中子和少量的各种有质量的粒子。这就是"霍金辐射"。按照霍金的预测，一个不吸收任何物质的黑洞会慢慢辐射其质量，开始很慢，但越来越快。最后，在其灭亡的一瞬间将像原子弹爆炸那样放出耀眼的光芒。

白洞是由黑洞转变来的吗？

白洞和黑洞，都是根据爱因斯坦的引力理论——广义相对论推测出来的奇特的天体。黑洞的基本特征是任何物质只能进入它的边界——视界，而不能从边界内跑出来。白洞正好和它相反：白洞内部的物质可以流出边界，外界的物质却不能通过它的边界进去。也就是说，白洞可以向外界提供物质和能量，却不能吸收外界的任何物质和辐射。如果说黑洞是太空中"最自私的怪物"，那么，白洞就该算是宇宙中"最慷慨的天体"了。

那么，白洞是怎样形成的呢？

科学家们认为有两种可能性。第一种可能性是白洞直接由黑洞转变而来，白洞中的超密度物质是原先因引力坍缩而成黑洞时造成的。原来，黑洞也有两方面特征，但由于没有任何力量能与黑洞的巨大引力相对抗，因此黑洞的物质就成了"只进不出"。但是，自从 20 世纪 70 年代以来，以全身瘫痪而思维异常敏捷的英国物理学家霍金为代表的科学家们又发现，黑洞总有另一种出乎意料的特征，即它会像蒸发那么稳定地向外发射粒子。考虑到这种"蒸发"，黑洞就不再是绝对的"黑"了。

霍金还证明，每个黑洞都有一定的温度，而且温度的高低和黑洞的质量成反比。也就是说，大黑洞的温度很低，蒸发也很微弱；小黑洞的温度很高，蒸发也很强烈，类似剧烈的爆发。一个质量像太阳那么大的黑洞，大约需要 1×10^{66} 年才能蒸发殆尽；但是原生小黑洞却会在 $1/(1 \times 10^{22})$ 秒内蒸发得一干二净。蒸发使黑洞的质量越来越少，质量减少又使黑洞的温度升高；温度高了，蒸发又进一步加快……如此这样反复下去，黑洞的蒸发就会越来越强烈，最后以一场猛烈的爆发而告终。这就是不断向外喷射物质的白洞。

形成白洞的另一种可能性，是苏联学者诺维柯夫提出来的。他认为，宇宙在最初的大爆炸中，由于爆发是不均匀的，有些密度极

高的物质没有立刻膨胀开来。它们过了好长一段时间才爆炸，成为一些新的膨胀核心。物质源源不断地从这些区域往外涌出，就成了一个个白洞。有些爆炸延迟了上百亿年，它们就是今天观测到的某些奇特的天体。

这些理论都有一定的道理。但是，宇宙中是不是真的有白洞呢？如果白洞当真存在的话，它们又是怎样形成的呢？在没有寻找到更多更有力的天文观测证据之前，这些问题只能是深奥而有趣的疑问。

天狼星为什么会变色？

　　天狼星是大犬星座中最亮的星，也是全天最亮的恒星，按其亮度可以排在第六位。它和地球相距 8.65 光年，是离我们较近的恒星之一。

　　今天人们所看见的天狼星是白色的，而在古代巴比伦、古希腊和古罗马的典籍中记载的天狼星却是红色的。这是为什么呢？

　　有人认为，这不过是视觉假象造成的。天狼星接近地平线，而接近地平线的星球让人看上去总呈现出红色，就像朝阳和落日一样。但是，德国的两位天文学家斯第劳瑟和伯格曼却对这种传统的说法提出了异议。他们查阅了公元 6 世纪时法国历史学家格雷拉瓦·杜尔主教写给修道院的训示，其中谈到了天狼星的颜色是"红色的"，而且"非常明亮"。这两位德国天文学家认为，在不同时期、不同国度的人们所看到的天狼星，都具有同样的颜色，这说明天狼星一定发生过重大变化，而不会是他们全都犯了视觉错误。

　　那么，天狼星发生过什么重大变化呢？1844 年，德国天文学家贝塞尔发现，天狼星在天穹上移动的轨迹是波纹状的，而不是像其他恒星那样沿着直线前进。贝塞尔认为，这种现象说明天狼星实际

上是个双星，它们之间的相互引力使得天狼星一边旋转一边前进，所以看起来才像沿着波纹状的路线移动。

当时，人们还无法观测到天狼星的那颗伴星在哪里。直到1862年，美国天文学家克拉克在检验用当时最大的透镜（直径为47厘米）做成的望远镜的性能时，才在明亮的天狼星旁边发现了一个微弱的光点，它正好在预先推测的天狼星的伴星的位置上。这一发现证实了贝塞尔的观点。

天狼星的伴星是一颗白矮星，它的表面温度很高，约为2.3万℃，因而呈白色或蓝白色，但是由于体积很小（其质量比太阳大，可半径比地球还小），所以光度很低。在天文学上，这种光度低、密度大、温度大的恒星被称为"矮星"，而白色的矮星就是"白矮星"。天狼星本身亮度非常微弱，它的颜色是由其伴星主导的。

从现有的星球演变理论得知，白矮星是天体中一种变化较快的巨星，它的前期阶段是红巨星，那时候其核心温度可达1亿℃，当然是相当明亮的。随着它的内部燃料逐渐耗尽，它就暗了下来。这个过程需要几万年的时间。

当天狼星的伴星处在红巨星阶段时，在它的照射下，天狼星会在人们的眼中变成又红又亮的星。而当它变成白矮星，天狼星也就会跟着改变颜色。假如真是这样的话，那么天狼星伴星的演变速度就不能不令人大为吃惊。仅仅在2000年左右的时间，它就从红巨星变成了白矮星，这在恒星演化史上是绝无仅有的。如果说这种情况不会发生，那么天狼星又为什么会改变颜色呢？很显然，这个问题还有必要进一步探究下去。